Grabow · Simon Stevin

1 Simon Stevin (1548—1620)

Biographien
hervorragender Naturwissenschaftler,
Techniker und Mediziner   Band 77

Simon Stevin

Dr. Rolf Grabow, Halle (Saale)

Mit 32 Abbildungen

Springer Fachmedien Wiesbaden GmbH 1985

Herausgegeben von
D. Goetz (Potsdam), I. Jahn (Berlin), E. Wächtler (Freiberg),
H. Wußing (Leipzig)
Verantwortlicher Herausgeber: D. Goetz

Abb. 1 nach einem Gemälde im Besitz der Universitätsbibliothek Leiden (Niederlande). Die lateinische Umschrift lautet: Simon Stevin. Mathematicus insignis. consiliar. celsiss. Mauritii principis arausionensium

Grabow, Rolf:
Simon Stevin. — 1. Aufl. —
Leipzig: BSB B. G. Teubner Verlagsgesellschaft, 1985. —
110 S.: 32 Abb. —
(Biogr. hervorrag. Nat. wiss. Techn. Med., Bd. 77)

ISBN 978-3-322-00643-1   ISBN 978-3-663-12363-7 (eBook)
DOI 10.1007/978-3-663-12363-7

Ursprünglich erschienen bei BSB B.G. Teubner Verlagsgesellschaft, Leipzig, 1985.

1. Auflage
VLN 294-375/38/85 · LSV 1008
Lektor: Dipl.-Journ. Ing. Hans Dietrich

Bestell-Nr. 666 250 1
00680

Vorwort

Die Grundlagen der Physik wurden auf dem Gebiete der klassischen Mechanik im 17. Jahrhundert gelegt, vor allem durch Galileo Galilei und Isaac Newton. Zwar reichen die Anfänge der Mechanik bis in die Antike zurück, aber erst in der Renaissance griff man diese Erkenntnisse wieder auf. Zu Unrecht werden heute neben solchen herausragenden Gelehrten wie Galilei und Newton diejenigen Wissenschaftler oft nicht genügend gewürdigt, die als Vorläufer und teilweise sogar als Mitbegründer der klassischen Naturwissenschaften angesehen werden können. Unter ihnen sind besonders solche Personen von Interesse, die bestrebt waren, Praxis und Theorie zu verbinden und Probleme der Praxis auf wissenschaftlicher Grundlage zu lösen.

Eine dieser Persönlichkeiten ist der Niederländer Simon Stevin, der lange Zeit nicht die Beachtung fand, die seiner Person und seinem Werk zukommt. Mit seinem Namen sind z. B. solche wichtigen physikalischen Erkenntnisse verknüpft wie die Gleichgewichtsbedingung auf der geneigten Ebene, das Kräftedreieck bzw. das Kräfteparallelogramm und das hydrostatische Paradoxon. Bedeutend ist sein Anteil an der Einführung der Dezimalzahlen. Aber Stevin arbeitete nicht nur auf dem Gebiete der Mechanik und der Mathematik. Er war Ingenieur, Wasserbautechniker, Mühlenkonstrukteur, Geometer, Finanzexperte und Generalquartiermeister, veröffentlichte Arbeiten über Schiffsnavigation, Festungsbau und staatspolitische Probleme und besaß ein universelles Wissen auf nahezu allen Gebieten der damaligen Wissenschaft und Technik.

Erst um das Jahr 1830 begann man in Belgien und in den Niederlanden sein Leben und Wirken genauer zu untersuchen. Der Zeitraum von über 200 Jahren seit seinem Tode hatte leider zur Folge, daß viele ihn betreffende Dokumente und Unterlagen verloren gegangen sind. Dadurch kann die Mehrzahl älterer biographischer Angaben nicht mehr auf ihre Richtigkeit überprüft werden. Zu Beginn dieses Jahrhunderts setzte eine sehr intensive

Beschäftigung mit Stevin ein. Umfassend würdigte 1943 der niederländische Wissenschaftshistoriker E. J. Dijksterhuis [24] die Leistungen seines Landsmannes, wobei er sich kritisch mit anderen Veröffentlichungen über ihn auseinandersetzte und eine umfangreiche Bibliographie über Stevin zusammenstellte. Da Dijksterhuis' Arbeit in niederländischer Sprache und während des Krieges erschien, ist sie wenig bekannt geworden.
Originalarbeiten Stevins sind in Bibliotheken nur selten vorhanden und dem Leser aus sprachlichen Gründen schwer zugänglich. Um einen größeren Leserkreis mit seinem Werk vertraut zu machen, wurde zwischen 1955 und 1966 in Amsterdam eine sechsbändige Faksimileausgabe der wichtigsten Veröffentlichungen Stevins mit einer englischen Übersetzung der meist in Mittelniederländisch verfaßten Texte herausgebracht [21]. Die einzelnen Bände enthalten auch ausführliche Erläuterungen zu den verschiedenen Arbeitsgebieten des Niederländers. Die vorliegende Biographie stützt sich in der Hauptsache auf diese Veröffentlichung und auf die genannte Arbeit von Dijksterhuis.
Der Verfasser möchte an dieser Stelle recht herzlich Prof. Dr. sc. D. Goetz (Potsdam), Prof. Dr. P. Hessmann (Antwerpen), Dr. sc. H. Hipp (Leipzig), P. F. J. Obbema (Leiden), Dr. sc. W. Schreier (Leipzig) und Doz. Dr. F. Willaert (Antwerpen) für freundliche Unterstützung und Hinweise Dank sagen.

Halle (Saale), im März 1984   Rolf Grabow

Inhalt

Im Befreiungskampf gegen spanische Tyrannei – eine bürgerliche Republik entsteht

Es war an der Wende vom 16. zum 17. Jahrhundert nicht häufig, daß ein Autor über einen Zeitraum von 35 Jahren publizierte und mehr als 3500 Druckseiten mathematischer, physikalischer, technischer, gesellschaftlicher und militärischer Thematik verfaßte. Nachauflagen seiner Werke wurden schon zu Lebzeiten erforderlich, und viele seiner Arbeiten erschienen als Übersetzungen in lateinischer, französischer, englischer und deutscher Sprache. Dieser Autor versäumte in kaum einem seiner Bücher, auf dem Titelblatt neben dem Namen auch seinen Herkunftsort anzugeben: Simon Stevin van Brugge. In dem heute belgischen Brügge wurde er 1548 geboren, er starb 1620 in 's-Gravenhage (Den Haag).

Sein Leben und Werk wurde in starkem Maße durch die ökonomischen und politischen Veränderungen beeinflußt und geprägt, die sich in diesem Zeitraum in den damaligen Niederlanden vollzogen.

Im 16. Jahrhundert bestanden die Niederlande aus 17 Provinzen und umfaßten das Territorium der heutigen Niederlande, des heutigen Belgiens und Luxemburgs, sowie Teile von Nordfrankreich (Abb. 2). Sie waren in wirtschaftlicher Hinsicht das am weitesten fortgeschrittene Gebiet Europas, da Handels- und Manufakturkapitalismus im gesellschaftlichen Leben bereits eine bedeutende Rolle spielten.

Besonders progressiv verlief die kapitalistische Entwicklung in den zentralen Provinzen Brabant und Flandern und in den nördlichen Provinzen Seeland und Holland. In Brabant und Flandern erfolgte ein großer Teil der Warenproduktion bereits in kapitalistisch organisierten Manufakturen, jedoch überwiegend in Heimarbeit, also in dezentralisierter Form. Hergestellt wurden vor allem Woll-, Seiden- und Baumwollstoffe, Spitzen, Gobelins, aber auch Glas-, Metall- und Lederwaren u. a. m.

Die in Holland und Seeland bestehenden Manufakturen unterschieden sich von denen Brabants und Flanderns dadurch, daß sie in ihrer Mehrzahl in zentralisierter Form produzierten. Wegen

2 Die Niederlande um 1580. Die schraffiert gezeichneten Provinzen schlossen sich 1579 zur Union von Utrecht zusammen. Das Bistum Lüttich gehörte nicht zu den Niederlanden. Die Karte enthält alle in der Biographie erwähnten Provinz- und Ortsnamen

des anders gearteten Sortiments, z. B. wurden statt Wollstoffen überwiegend Leinenstoffe hergestellt, waren Rohstoffbasis und Absatz nicht so stark von Spanien abhängig wie in den zentralen Provinzen. Auch in der Landwirtschaft bestanden gegenüber den

zentralen Provinzen wesentliche Unterschiede. Während dort
noch der feudale Grundbesitz überwog, besaßen in Holland und
Seeland Feudaladel und Kirche nur etwa ein Fünftel der landwirt-
schaftlichen Nutzfläche; der bäuerliche Privatbesitz herrschte vor,
so daß eine ausgeprägte Marktwirtschaft bestand, zusätzlich be-
günstigt durch die reichen Erträge des fruchtbaren Bodens. Eine
bedeutende Rolle spielten in Holland und Seeland auch Schiffbau
und Fischfang.

Von entscheidender Bedeutung für die Wirtschaft der zentralen
und nördlichen Provinzen war die umfangreiche Handelstätigkeit, vor allem der Außenhandel mit den Ländern des Nordsee-
und Ostseeraumes, mit Spanien und den spanischen Kolonien.
Er war zu einem erheblichen Teil sogenannter Vermittlungs-
handel, d. h. die niederländischen Kaufleute brachten Waren aus
einem anderen Land in ein Drittland, ohne daß ein Warenum-
schlag in den Niederlanden stattfand, oder der Warenaustausch
zwischen zwei anderen Ländern wurde überhaupt nur vermittelt,
selbstverständlich unter Berechnung einer angemessenen Provision.
Das bedeutendste Handelszentrum der Niederlande war Antwerpen. Hier hatten nicht nur die großen Handelshäuser ihren
Sitz oder ihre Niederlassungen, sondern hier befanden sich auch
die Banken, deren Kredittätigkeit den Handel stark beeinflußte.

Im Vergleich zu den bisher genannten Provinzen waren einige
der Randprovinzen, wie Artois, Geldern, Overyssel und Luxem-
burg wirtschaftlich wenig entwickelt, da dort Landwirtschaft auf
niedrigem Niveau vorherrschte. In Friesland, Utrecht und Lim-
burg gab es neben der Landwirtschaft viele Gewerbedörfer und
eine Anzahl von Handels- und Manufakturstädte.

Große Unterschiede zwischen den niederländischen Provinzen
bestanden aber nicht nur auf ökonomischem Gebiet. Viele Provinzen und einzelne Städte besaßen unterschiedliche Privilegien,
benutzten verschiedene Maße und Gewichte. Es gab zwischen
ihnen Zollschranken, Unterschiede in der Verwaltung und im
Gerichtswesen. Und schließlich wohnten in den Niederlanden
verschiedene ethnische Gruppen: Flamen, Wallonen, Franzo-
sen, Holländer, Friesen und Deutsche.

Das sind einige der Gründe dafür, daß man von einer niederländischen Nation noch nicht sprechen konnte, zumal die 17
niederländischen Provinzen erst im 14. und 15. Jahrhundert durch

Unterwerfung, Bündnisse und Erbfolge zu einem Gebilde zusammengefügt worden waren.

In politischer Hinsicht gehörten die Niederlande seit 1519 zum Reiche Kaiser Karl V. Vertreter der Krone war ein Generalstatthalter, dem ein Staatsrat beratend zur Seite stand. Ihm gehörten vor allem Vertreter des einheimischen Feudaladels an. Die einzelnen Provinzen wurden von Statthaltern regiert. Sie besaßen, zumindest in lokalen Angelegenheiten, oft erhebliche Rechte. Als Stände- und Städtevertretungen gab es die sogenannten Generalstaaten (für die gesamten Niederlande) und die Provinzialstaaten, z. B. die „Staaten von Holland". Diesen Institutionen oblag u. a. die sehr wichtige Steuergesetzgebung und Mittelverteilung.

Mit dem Thronverzicht Karl V. im Jahre 1556 kamen die Niederlande unter die Herrschaft des Königs von Spanien, Philipp II., eines Sohnes Karl V. Der bereits vorher vorhandene Druck mit dem Ziel einer verstärkten Ausbeutung mit Hilfe der Besteuerung, zusätzlicher Zölle usw. und einer größeren politischen Abhängigkeit der Niederlande von Spanien wuchs immer mehr an. Erste Maßnahmen bestanden in der Stationierung spanischer Truppen, in der Durchsetzung des Staatsrates mit überzeugten Anhängern Philipps und in einer Verschärfung der Inquisition, so daß die Repressalien gegen die Bevölkerung der Niederlande stark religiösen Charakter trugen.

Äußere Veranlassung dazu war die schnelle Ausbreitung des Kalvinismus, vor allem unter Kaufleuten und Manufakturbesitzern. Die Bevorzugung des Kalvinismus gegenüber anderen reformatorischen Richtungen durch diese Kreise hatte seine Ursache darin, daß seine Doktrinen und Organisationsformen ihren Bestrebungen zur Entwicklung kapitalistischer Produktionsverhältnisse am besten entsprachen. Man war z. B. der festen Überzeugung, daß Gottes Segen auf denen ruht, die große Profite erzielen [33, S. 3f.]. In den kalvinistischen Konsistorien, ihnen gehörten die Laienältesten und die Predikanten (Prediger) an, spielten die fortschrittlichsten Teile der Handels- und Manufakturbourgeoisie die bestimmende Rolle.

Die Haltung der Bourgeoisie war anfangs aber durchaus nicht einheitlich. Besonders die den Außenhandel beherrschende Großbourgeoisie nahm gegenüber Spanien eine schwankende Haltung ein und war in erster Linie nur an einer Beseitigung ihr nicht genehmer „Auswüchse" der spanischen Herrschaft interessiert. Ähnlich verhielt sich der Adel, vor allem der niedere Adel, der einerseits hoffte, durch Säkularisierung von Klöstern und Kirchengütern wieder zu Wohlstand zu kommen, andererseits aber bei einem allgemeinen Aufstand gegen Spanien um seine Privilegien fürchten mußte. Religiöse Überzeugungen spielten beim Adel nur eine untergeordnete Rolle. Unter den hier skizzierten Verhältnissen konnte der Konflikt zwischen dem spanischen Absolutismus einerseits und einer im kapitalistischen Aufschwung begriffenen Gesellschaft andererseits nur auf dem Wege einer bürgerlichen Revolution und der gewaltsamen Abschüttlung der spanischen Fremdherrschaft gelöst werden (vgl. [28]). Dabei kam der revolutionären kalvinistischen Bourgeoisie die Führung zu, die sich auf Teile der Bauernschaft und des städtischen Plebs stützen konnte. Tatsächlich reifte in den sechziger Jahren des 16. Jahrhunderts eine revolutionäre Situation heran. Um einem Volksaufstand zuvorzukommen, der möglicherweise ihre Positionen gefährden konnte, versuchte der oppositionelle Feudaladel unter der Führung von Prinz Wilhelm von Oranien, Graf von Egmont und Graf von Hoorn durch eine Bittschrift von Philipp II. Zugeständnisse zu erreichen. Aber noch bevor das Schreiben beantwortet wurde, brach im August 1566 der Bilderstürmeraufstand aus, der weitgehend sozialen Charakter trug. Dieser Aufstand schlug fehl, da die Adelsopposition, auf Grund zeitweiliger Zugeständnisse seitens der Spanier, ebenso wie die kalvinistischen Konsistorien der Bourgeoisie nicht nur abseits stehen blieb, sondern die Bilderstürmerbewegung sogar heftig bekämpfte. In diesem Verhalten zeigen sich deutlich die unterschiedlichen Klasseninteressen, denn Adel und Bourgeoisie fürchteten um ihr Eigentum, trug doch die Bilderstürmerbewegung plebejischen Charakter.

Nach der Niederschlagung des Aufstandes setzte Philipp II. alles daran, nunmehr endgültig die niederländischen Privilegien zu beseitigen und jeglichen Widerstand im Lande zu brechen. Zu diesem Zwecke wurde 1567 ein 10000 Mann starkes spanisches Heer, das der Herzog von Alba befehligte, in die Niederlande verlegt. Wie Alba dem päpstlichen Nuntius gegenüber erklärte, sei er keineswegs im Interesse der Religion und zur Vernichtung der Ketzer in die Niederlande entsandt worden, sondern aus

rein politischen Erwägungen und zum Kampf gegen die Rebellen
[35, S. 207].

Es setzte ein unerhörter Terror ein, der sich gegen alle oppositionellen Kräfte richtete. Trotzdem organisierte sich der Widerstand gegen die Spanier, zunächst seit 1568 im Partisanenkampf der sogenannten Buschgeusen und im Kaper- und Seekrieg der Wassergeusen. Unabhängig und losgelöst davon kämpfte Prinz Wilhelm von Oranien, der Statthalter von Holland und Seeland, mit Söldnertruppen von außen gegen die spanische Fremdherrschaft, allerdings mit wenig Erfolg.

Um ein Maximum an Ausplünderung der Niederlande zu erreichen, führte Alba 1571 schon lange vorher geplante zusätzliche Steuern ein: eine einprozentige einmalige Abgabe auf jeglichen Besitz, eine fünfprozentige Steuer bei Verkauf oder Vererbung unbeweglicher Güter und eine zehnprozentige Abgabe bei *jedem* Verkauf einer beliebigen Ware, die *Alcabala*. Vor allem die letztgenannte Steuer mußte zwangsläufig in den Niederlanden mit derem ausgedehnten Außen- und Binnenhandel zur Zerrüttung des gesamten Wirtschaftslebens führen, denn sie traf alle, den Höker wie den Großhändler, den Handwerker wie den Manufakturbesitzer.

In diesem Zusammenhang schrieb der bedeutende niederländische Jurist Hugo Grotius, ein Zeitgenosse Stevins, einige Jahrzehnte später:

Die Nation, die ohne sich zu rühren, ihre Bürger am Pfahl auf dem Scheiterhaufen, und ihre Edeln auf dem Schafott hat umkommen sehen, die ihre Gesetze, ihre Religion, ihre Unabhängigkeit mit Füßen treten sah, stand jetzt [nach der Steuererhebung — R. G.], aber auch erst jetzt auf, um die früheren Unbilden zu rächen und die drohenden von sich abzuhalten, gewiß ein deutlicher Beweis, daß es kein festeres Band in der Gesellschaft gibt als das, welches durch die materiellen Interessen geknüpft wird. [35, S. 282f.]

Es bedurfte nur noch eines Signals, um den offenen Aufruhr auszulösen. Das war die Eroberung der wichtigen Stadt Den Briel in Seeland im April 1572 durch die Wassergeusen. Der Aufstand begann in Städten Seelands, Hollands und Utrechts und erfaßte bald alle nördlichen Provinzen.

Zunächst trat Wilhelm von Oranien an die Spitze der abgefallenen Provinzen, aber noch immer als Vertreter des spanischen Königs, da man den offenen Bruch mit Philipp zu vermeiden suchte und vorgab, nur Alba zu bekämpfen. Nach ersten Erfolgen der Aufständischen kam es bald zu erheblichen Rückschlägen und Niederlagen, als Alba mit seinem Heer in die nördlichen Provinzen einfiel und über Geldern nach Nordholland zog, wo er verschiedene größere Städte belagerte und eroberte.

In dieser Periode, man kann sie als die heroische Phase der Revolution bezeichnen, kämpfte nahezu die gesamte Bevölkerung mit großer Entschlossenheit und mit großem Mut gegen die Spanier. Gerade der Druck von außen führte dazu, daß sich im Norden das Bündnis der Bourgeoisie und der Kleinbürger trotz der unterschiedlichen Klasseninteressen zunehmend festigte. Mit der erfolgreichen Verteidigung der holländischen Stadt Leiden, die durch die Spanier eingeschlossen wurde und ausgehungert werden sollte, begann der Umschwung. Die Belagerung dauerte von Mai bis Oktober 1574 und endete mit dem Entsatz der Stadt durch die Wassergeusen, nachdem das umliegende Land nach dem Durchstechen der Deiche überflutet worden war.

Dieser Sieg stärkte ungemein das Selbstbewußtsein der Aufständischen, zumal Alba 1573 abberufen worden war. Seine Nachfolger versuchten in den folgenden Jahren, durch Verhandlungen einen Ausgleich zwischen den Spaniern und den durch unterschiedliche Interessen geprägten Gruppierungen der Niederländer zu erreichen, die aber fehlschlugen. Ende 1577 begannen deshalb wieder größere Kampfhandlungen, jedoch überwiegend in den zentralen und südlichen Provinzen.

Nachdem sich die reaktionären Kreise des Adels und der hohen katholischen Geistlichkeit der Südprovinzen zur „Union von Arras" zusammengeschlossen hatten, kam es als Gegengewicht dazu Anfang 1579 zur Bildung der „Union von Utrecht". Dieser Pakt ist die Geburtsurkunde der „Republik der Vereinigten Provinzen" (der Niederlande), obwohl diese Union eine sehr heterogene Zusammensetzung hinsichtlich der Beteiligten aufwies und lange Zeit nur den Charakter einer losen Föderation besaß. Zur Utrechter Union gehörten die sieben Provinzen Holland, Seeland, Utrecht, Geldern, Overyssel, Friesland und Groningen mit Drente. Auch einzelne Gebiete und Städte traten der Union bei, u. a. Gent, Brügge, Antwerpen und Breda. Der endgültige Bruch mit Spanien erfolgte durch die 1581 erklärte Absetzung Philipp II. als Souverän der Niederlande.

Als die Spanier Anfang der achtziger Jahre feststellen mußten, daß eine Unterwerfung der nördlichen Provinzen aus verschiedenen Gründen (vor allem wegen anderer militärischer Verwicklungen) nicht im Bereich ihrer derzeitigen Möglichkeiten lag, konzentrierten sie erfolgreich ihre Kräfte auf die abgefallenen Gebiete und Städte in den zentralen Provinzen, deren Schicksal besiegelt war, nachdem Antwerpen 1585 sich den Spaniern ergab. Der Krieg hatte das ehemals blühende Brabant und auch Flandern verwüstet; die Manufakturen waren zerstört, der Handel weitgehend lahmgelegt und die Wirtschaft vollkommen zerrüttet. Bereits seit den siebziger Jahren hatten viele Angehörige der Bourgeoisie unter Mitnahme ihrer Kapitalien, das war seit 1573 erlaubt, die Zentren Flanderns und Brabants verlassen und sich in den nördlichen Provinzen niedergelassen. Da ihnen Lohnarbeiter und Handwerker in Massen folgten, verringerte sich die Bevölkerung der zentralen Provinzen erheblich. Die nicht zur Utrechter Union gehörenden Provinzen, die sogenannten „Spanischen Niederlande" verloren daher nach 1585 immer mehr an politischer und wirtschaftlicher Bedeutung. Dagegen kam es zu einer außerordentlichen ökonomischen Stärkung der Nordprovinzen, wodurch diese imstande waren, den Kampf erfolgreich weiterzuführen.

„In meiner Jugend war ich Kassierer, Buchhalter und in einer Steuerkanzlei tätig"

Stevins Heimatstadt Brügge war im 15. und 16. Jahrhundert eine der bedeutendsten Städte der Niederlande. In einer zeitgenössischen Darstellung heißt es:

Diß ist die vornehmste Statt/nach Gent/in gantz Flandren/so weyland keiner andern in Europa an Herligkeit hat weichen dörffen/und auch solche noch heutigs Tags guten Theils erhält ... Die Stadt hat einen Wall/und breite Gräben/mit Wasser herumb/insonderheit seyn die Thor mit Ravelinen [Feuerstellungen — R. G.] wohl verwahret/ ... Auff den Wällen stehen viel Windmühlen. Die Gebäu allhier anbelangende/werden bey die 60 Kirchen ... gezehlet ... Außer den Kauffleuten/hat es auch 68 Zünfften; und es werden baumwollene/halbseidene/seidene/wüllene/leinene Tücher/auch sehr schöne Teppich /auff unterschiedliche Manier/da gemachet. [37, S. 166]

Etwa dreiviertel der arbeitenden Bevölkerung waren als Lohnarbeiter in der Wollverarbeitung tätig. Der ausgedehnte Handel, er umfaßte neben Wolle und Tuchen vor allem Getreide, Pech, Wachs, Holz, Pottasche, Bier und Wein, wurde in der Hauptsache über See abgewickelt, da ein Kanal die Stadt mit dem Meer verband. Allerdings mußten die Waren von Schiffen auf Leichter umgeladen werden, da der Kanal für Seeschiffe zu flach war.

Die Regentschaft in der Stadt wurde von Poortern — Bürgern mit allen Rechten — ausgeübt, die den Großhandel in Händen hatten, über Landbesitz oder Pachtland verfügten, Manufakturen betrieben, selbstverständlich ohne eigene manuelle Tätigkeit, und meist auch Braugerechtigkeit für Bier besaßen, das wegen der schlechten Trinkwasserqualität nicht nur Genußmittel war, sondern ein Alltagsgetränk und daher erhebliche Einkünfte brachte. Aus dem Kreis der Poorter kamen die in Verwaltung und Justiz tätigen Ratsherren und Schöffen.

In dieser Stadt wurde Simon Stevin im Jahre 1548 geboren. Geburtsort und -jahr werden belegt durch die Angaben auf einem unsignierten Gemälde (siehe Abb. 1). Möglicherweise handelt es sich bei diesem Gemälde um eine Schenkung durch Stevins Sohn Hendrik oder durch Huygens. Erst 1937 fand der Brügger Archi-

3 Ansicht von Brügge um 1600 [37]

var A. Schouteet Dokumente, die einige Schlüsse auf Stevins Herkunft und soziale Stellung ermöglichen.

Von besonderem Interesse sind drei Dokumente, die am gleichen Tage, dem 30. 10. 1577, ausgefertigt wurden. Dazu gehört ein Verhandlungsprotokoll, in dem es sinngemäß heißt:

Vor den Schöffen und dem Kollegium der Vormundschaftskammer erschienen Joos Sayon und Joachim de Fournier, die gesetzlichen Vormünder von Symoen, dem natürlichen [d. h. außerehelichen — R. G.] Sohn von Anthuenis Stevin, den er gehabt hat von Cathelyne vander Poort; die angaben, daß ihr Mündel das Alter von rund 28 Jahren erreicht habe und daß sie, aus der guten Erfahrung heraus, die sie mit ihm gemacht hatten, der Meinung waren, daß es nützlich sei, den genannten Symoen, da er alt und klug genug sei, mündig zu sprechen und aus der Vormundschaft zu entlassen, damit er von nun an seine Angelegenheiten und Güter selbst verwalten und seinen Nutzen daraus ziehen könne. Dies erklärten sie bei ihrem Eid und in Gegenwart der vorgenannten Cathelyne vander Poort, seiner Mutter, und Jan vander Houve, seinem Verwandten ... Die genannten Vormünder ersuchen, von der Vormundschaft und von ihrem Eid entbunden zu werden und ebenso der genannte Symoen, *dort anwesend* [von mir hervorgehoben — R. G.] und dasselbe ordnungsgemäß begehrend ... Das Kollegium hat beide angehört, ... ebenso die Zustimmung der genannten Verwandten und hat, seine Verordnung niederlegend, Symoen Stevin mündig gesprochen ... [31, S. 140 f.].

Da die Altersangabe in diesem Dokument und die Angabe des Geburtsjahres auf dem erwähnten Gemälde nicht in Widerspruch stehen und Stevin sich bei seinem Heiratsaufgebot aus dem Jahre 1616 als Simon Anthonis Stevin eintragen ließ, dürfte die Identität des hier genannten Symoen mit dem Wissenschaftler und Ingenieur als gesichert gelten.

Auffällig ist, daß die Mündigkeitserklärung für Stevin erst im Alter von 28 Jahren erfolgte. Vormünder wurden damals nur dann bestellt, wenn das minderjährige Mündel über zu verwaltendes Gut verfügte. Zwar meint Dijksterhuis [24, S. 3], daß die genannte Passage über Verwaltung und Nutzung von Besitz noch keine Aussagen über die tatsächlichen Vermögensverhältnisse ermöglicht, da es sich um übliche Floskeln handelt. Die anderen Dokumente enthalten aber vermögensrechtliche Festlegungen, die die Vermutung nahelegen, daß Stevins Mündigkeitserklärung im Zusammenhang mit ihm zufließenden Mitteln steht, vielleicht aus einer Erbschaft.

So wird Stevin, der sich zu diesem Zeitpunkt in Brügge aufhielt, zur Rückzahlung von Kautionen verpflichtet, die Bürgen in Höhe von 75 und 50 Großen Flämischen Pfund für seine Ausbildung in der Steuerkanzlei der Vrije van Brugge zur Verfügung gestellt hatten. Auf diese Tätigkeit weist Stevin später selbst im Vorwort eines seiner Werke hin. Die Angabe „... in meiner Jugend ..." erlaubt jedoch keine genaue zeitliche Zuordnung. Die Vrije van Brugge war ein selbständiger Verwaltungsbereich Flanderns, der die Stadt Brügge umgab und dessen Vertreter neben denen der großen Städte Gent, Brügge und Ypern, dem Adel und der Geistlichkeit in den „Staaten von Flandern" Sitz und Stimme hatten.

Bei seiner Suche fand der Archivar Schouteet weitere Hinweise auf die oben genannten Personen. So wurde Stevins Vater im Jahre 1548 Mitglied der Schützengilde von St. Barbara. Stevins Mutter hatte zwei weitere Kinder namens Emerentiana und Hubekin aus einer anderen außerehelichen Verbindung mit Noël de Caron, der einen hohen Posten in der „Vrije" innehatte. Er war zunächst Schöffe und stand dann 30 Jahre, bis zu seinem Tode 1560, an der Spitze des Magistrats. Vormund von Cathelynes Tochter Emerentiana war zeitweise der schon genannte Joachim de Fournier. Und der andere proforma—Vormund Stevins, Joost Sayon, wird in einem späteren Dokument als Mann der Cathelyne vander Poort bezeichnet.

Aus diesen recht komplizierten ehelichen, außerehelichen und verwandtschaftlichen Beziehungen — es wurde hier nur ein Teil erwähnt — geht aber wohl hervor, daß Simon Stevin aus gehobenen bürgerlichen Kreisen stammte und sicherlich auch über protegierende Verbindungen verfügte. Einen direkten Makel scheint eine außereheliche Geburt damals nicht besessen zu haben, zumal Simon den Namen seines Vaters trug, also von ihm als Sohn legitimiert worden war.

Möglicherweise wuchs Stevin bei seiner Mutter auf. Die von einigen älteren Biographen erwähnten Einzelheiten, daß er ein „sanftmütiger Knabe" gewesen sei, der schon frühzeitig Lateinisch und Griechisch lernte und Interesse für Mathematik zeigte, können zutreffen, sind aber nicht belegbar. Das gilt auch für einige andere Angaben. So wird nach Dijksterhuis in früheren biographischen Anmerkungen übereinstimmend die Ansicht vertreten, daß Stevin um 1571/72 seine Heimatstadt verlassen habe, um ausgedehnte Reisen zu unternehmen. Die angegebenen Gründe für

den Weggang sind z. T. kaum stichhaltig. So soll ihm keine Freistellung von der Biersteuer gewährt worden sein [30, S. 243], und nach einer anderen Quelle wurde ihm die Genehmigung zum Betrieb einer Essigfabrikation verweigert. Beides setzt aber Bürgerrechte voraus, die Stevin zu diesem Zeitpunkt nicht besaß, denn er wurde erst 1577 mündiggesprochen. Andere Biographen geben die mit der Herrschaft Albas zunehmenden religiösen Verfolgungen als Ursache an. Dann müßte Stevin Reformierter oder Kalvinist gewesen sein, wofür es jedoch — auch später — keinen Beleg gibt. Stevin selbst hat leider nur wenige persönliche Angaben in seinen Werken gemacht. In der bereits genannten Widmung erwähnt er neben seiner Tätigkeit in der Steuerverwaltung der „Vrije" noch, daß er in seiner Jugend Kassierer und Buchhalter in Antwerpen war. In welcher Reihenfolge diese Tätigkeiten ausgeübt wurden, ist nicht bekannt, und eine zeitliche Zuordnung läßt sich nicht vornehmen. Ähnliches muß auch hinsichtlich der Reisen Stevins gesagt werden. Es steht außer Zweifel, daß er größere Reisen in Europa gemacht hat. Er erwähnt selbst Aufenthalte in Norwegen und in Städten des Ostseeraums und berichtet von einem Bild, das er im Königspalast der polnischen Stadt Kraków gesehen habe [21 d, S. 595].
Beachtenswert sind im Zusammenhang mit den Reisen die Widmungen von zwei seiner Bücher, einmal an den in Prag residierenden deutschen Kaiser Rudolf II. [7] und zum anderen an die Bürgermeister und den Rat der Stadt Nürnberg [8]. Da solche Widmungen vornehmlich an Personen oder Institutionen gerichtet wurden, denen der Buchautor bekannt war — als Dank für die Widmung gab es meist eine finanzielle Zuwendung —, ist es denkbar, daß Stevin auch in Nürnberg war, zumal diese Stadt damals bedeutenden Handel mit Brügge trieb.
Die Frage, wie und wo Stevin die umfangreichen Kenntnisse erworben hat, die ihn instand setzten, nach 1583 umfangreiche mathematische und mechanische Arbeiten zu veröffentlichen, kann leider nicht beantwortet werden. Denkbar ist eine längere Bildungsreise, die ihn über Nürnberg und Prag nach Kraków geführt hat, wofür es aber keine Beweise gibt. Das hier Dargelegte ist bereits alles, was an sicheren, belegbaren Fakten über die drei ersten Lebensjahrzehnte Simon Stevins bekannt ist.

Zinstafeln, gewidmet dem Stadtrat von Leiden

Die erste Veröffentlichung Stevins erschien im Jahre 1582 bei Christoffel Plantijn in Antwerpen, einer der bekanntesten Druckereien jener Zeit, in der vor allem wissenschaftliche Arbeiten in lateinischer, französischer und flämischer Sprache verlegt wurden. Die „Tafelen van Interest" (Zinstafeln) [1] beginnen, wie viele Stevinsche Arbeiten mit einer Erklärung der verwendeten Begriffe, an die sich Beispiele zur Berechnung von Zinsen und zur Benutzung der Tafeln anschließen. Der Zinsfuß reicht von 1 % bis 16 %. Den Stevinschen Tafeln liegen die ersten gedruckten Zinstafeln aus einem Mathematikbuch des französischen Gelehrten Jean Trenchant zugrunde, das 1578 bereits in 4. Auflage erschien. Stevin weist ausdrücklich auf seinen Vorgänger hin, dessen Tafeln er aber erweiterte und verbesserte.

Den „Tafelen van Interest" ist eine Widmung an die vier Bürgermeister, an den Sekretär, an die Schöffen und an den Stadtrat von Leiden vorangestellt. Aus der Stadtkasse wurde Stevin dafür, wie ein Beleg im Stadtarchiv ausweist, ein Betrag von 25 Pfund gezahlt. Es ist sicherlich kein Zufall, daß Stevin, gewissermaßen als „Einführungsschrift", eine für Wirtschaft und Handel so wichtige Thematik wählte. Und „. . . die Gönnerschaft und Förderung der ehrwürdigen Herren des Stadtrates von Leiden . . .", wie es in der Widmung heißt [21 b, S. 29], wird verständlich, wenn man weiß, daß es sich bei Stevins Zinstafeln um die wahrscheinlich ersten in den Niederlanden gedruckten Tafeln mit holländischer Erklärung handelt. Zinstafeln waren zwar schon lange vor Stevin in Gebrauch. Sie wurden aber von den Benutzern, also vor allem von den Banken und Handelshäusern streng geheim gehalten, und die Berechnungsmethoden waren auch nur wenigen Mathematikern bekannt.

Aus der Orts- und Zeitangabe der Widmung geht hervor, daß sich Stevin spätestens seit dem Juli 1582 in Leiden aufgehalten hat. Die Stadt war vor allem durch den Widerstand gegen die spanische Belagerung im Jahre 1574 in ganz Europa bekannt geworden.

Während der Belagerung starben etwa 5000 der rund 15000 Bewohner an Hunger und an der Pest. Im Jahre 1581 betrug die Einwohnerzahl aber schon wieder etwa 12000. Das war in erster Linie dem Zuzug aus den spanisch beherrschten südlichen Provinzen zuzuschreiben, denn unter den Einwohnern befanden sich über 400 erwachsene Männer aus dem Süden, die ihre Familien mitgebracht hatten und die sich vorzugsweise mit Weberei beschäftigten.

Im Jahre 1575 hatte Leiden als erste nordniederländische Stadt eine Universität erhalten „. . . zur rechten Kenntnis Gottes und der Freien Künste und der Wissenschaften . . .“ [23, S. 63]. Die Studenten wohnten, soweit sie nicht Theologen waren, die den Hauptteil stellten, meist bei Professoren oder anderen Bürgern. Ihre große Bedeutung erlangte die Universität erst im 17. Jahrhundert, als die Studentenzahlen, vor allem durch die Immatrikulation von Ausländern (zu ihnen gehörte auch Otto von Guericke) auf über 1000 im Jahr stiegen. In den achtziger Jahren waren es nur einige hundert, im Jahre 1587 sogar nur 84 Studenten.

Zu ihnen gehörte auch Stevin, der als „Simon Stevinius brugensis“ am 16. 2. 1583 als „studiosus litterarum“ immatrikuliert wurde. An Universitäten dieser Zeit gab es drei Fakultäten, eine theologische, eine juristische und eine medizinische. Die Studenten begannen ihr Studium jedoch meist an einer „vorgeschalteten“ philosophischen (oder Artisten-) Fakultät, an der die „Freien Künste“ wie Philosophie, Latein, Griechisch und Mathematik gelehrt wurden. Wahrscheinlich bezieht sich das „litterarum“ auf diese Artistenfakultät.

In den „Recensielisten“ — der jährlichen Wiedereinschreibung — findet sich der Name Stevin bis zum Jahre 1590, wobei ab 1587 die Inskription „Sijmon Stevijn brugensis bij (oder auch lateinisch: apud) Stockium, studiosus artium“ lautet, also: bei Stock (wohnend), Student der Freien Künste. Stock wird im Zusammenhang mit Stevin auch in einem anderen Dokument genannt: Im Einwohnerregister von Leiden des Jahres 1581 ist ein „Symon Stephani van brug“ eingetragen, „scholier“ (Schüler) im Hause von Nicolaas Stock (oder Stockius), dem Rektor der Lateinschule an der Pieterskerkgracht. Von Stock ist bekannt, daß er noch zu Beginn des 17. Jahrhunderts eine Art Pensionat für Schüler seiner Schule und für Studenten betrieb.

Es erhebt sich nun die Frage, ob der Schüler Stephani, der Student Stevinius und der Buchautor Stevin identisch sind. In der Literatur wird diese Frage bejaht und mit folgenden Argumenten gestützt (ganz abgesehen von der übereinstimmenden Herkunftsangabe Brügge): Die Bezeichnung „scholier" statt Student könnte ein Versehen des Stadtschreibers sein. Der Name Stevin wird im holländischen Dialekt etwa wie der deutsche Name Steffen ausgesprochen. Daraus ist bei der damaligen phonetischen Schreibweise Stephen und damit in latinisierter Form Stephanus, bzw. Stephani entstanden. Der Zusatz „bij Stockium" in der letztgenannten Inskription spricht ebenfalls für eine Identität. Auch in einer der ersten biographischen Angaben aus dem Jahre 1623 heißt es Stevin sive (oder) Stephanus.

Dieser Bejahung der Identität stehen eine Reihe von Widersprüchen gegenüber. Studenten bezogen damals die Universität meist mit 16 bis 17 Jahren; Stevin war 35 Jahre alt und noch 1590 im Alter von 42 Jahren eingeschrieben. Zwischen 1583 und 1586 erschienen fünf von ihm verfaßte, zum Teil sehr umfangreiche Bücher, die ganz offensichtlich das Ergebnis von Studien und Überlegungen über einen längeren Zeitraum sind und nicht die Frucht von Anfangssemestern eines Universitätsstudiums. Die Eintragung, daß Stevin als Student noch 1587 in einer Art Studenteninternat wohnte, verträgt sich auch nicht recht mit der Aufnahme einer technischen Tätigkeit um 1586, auf die an anderer Stelle eingegangen wird.

Man könnte nun spekulieren, daß der Schüler und Student Stevin eine andere Person gleichen Namens (vielleicht sogar ein Sohn) unseres Simon Stevin ist, der bei Stock zunächst die Lateinschule besuchte und im Alter von etwa 16 Jahren die Universität bezog. Außer einer besseren zeitlichen Einordnung gibt es allerdings keinerlei Stützen für eine solche Hypothese. Und mit Hypothesen lassen sich Lücken in einer Biographie nicht ausfüllen.

Wir müssen also davon ausgehen, daß der Buchautor Stevin tatsächlich an der Universität Leiden immatrikuliert war. Die Annahme, daß er damit vorhandene Kenntnisse erweitern und abrunden wollte, ist wenig wahrscheinlich, denn an der damals relativ unbedeutenden Universität, sie erhielt z. B. erst 1596 das Recht, den niedrigsten akademischen Grad eines Bakkalaureus zu vergeben, ragten unter den Professoren nur der Philologe Justus

Lipsius und der Mathematiker Rudolf Snel van Royen hervor.
Eher denkbar wäre, daß nur immatrikulierte Studenten die Universitätsbibliothek benutzen durften und Stevin sich aus diesem
Grunde einschreiben ließ. Ein geordnetes regelmäßiges Studium
erscheint auf jeden Fall unwahrscheinlich.

Es gäbe aber auch einen ganz profanen Grund: Stevin war nur
deshalb (und so lange) an der Universität eingeschrieben, weil er
eine der Vergünstigungen für Leidener Studenten in Anspruch
nehmen wollte, die Befreiung von der Bier- und Weinakzise!
Da Bier und Wein, wie schon an anderer Stelle erwähnt, wegen
der mangelhaften Qualität des Trinkwassers viel konsumiert
wurden, stellten sie in einem Haushaltsetat sicherlich einen nicht
unerheblichen Posten dar. Wie Blok in seiner „Geschichte einer
holländischen Stadt" [23, S. 227] berichtet, wurde aus diesem
Grunde bei den Eintragungen in die jährlichen „Recensielisten"
auf sehr große Sorgfalt und Genauigkeit geachtet!

Von 32-Flächnern, Thiendezahlen
und Näherungslösungen

Ein Jahr nach den Zinstafeln erschien 1583 in Antwerpen eine
weitere Arbeit Stevins, die aber in lateinischer Sprache verfaßt ist.
Sie trägt den Titel „Problemata Geometrica" [2] und beruht auf
antiken Schriften des Euklid und des Archimedes, sowie Albrecht
Dürers „Unterweysung der Rechnung mit dem Zirckel und Richt-
scheyt" (1525).

Die Geometrie spielte im gesamten 16. Jahrhundert innerhalb
der Mathematik eine herausragende Rolle, und Stevin war nicht
der einzige, der darüber publizierte. Da Stevin erst in eigenen
späteren Arbeiten auf verschiedene dieser Schriften hinweist,
ist nicht daran zu zweifeln, daß er vieles in [2] enthaltene unabhängig und selbständig gefunden hat. Auffällig ist in „Problemata
Geometrica" die Klarheit der Darstellung und die Übersichtlichkeit der Stoffanordnung.

Es erscheint denkbar, daß Stevin mit dieser Arbeit seine wissenschaftliche Befähigung, aus welchen Gründen auch immer,
nachweisen wollte. Deshalb wohl auch die Beschränkung auf rein
theoretische Betrachtungen und der Gebrauch der lateinischen
Sprache. Eine Arbeit über praktische Probleme muß jedoch 1583
schon weitgehend abgeschlossen gewesen sein. Sie wird von Stevin mit der Bemerkung „. . . welche wir in Kürze zu publizieren
hoffen" erwähnt [21b, S. 207). Tatsächlich erschien aber die
„Meetdaet" (Praxis der Vermessung) erst über 20 Jahre später
als Teil eines anderen Werkes [14].

In „Problemata Geometrica" werden hauptsächlich solche Probleme behandelt, wie die Teilung von Polygonen und Winkeln in
bestimmten Verhältnissen, Ähnlichkeitskonstruktionen und die
Konstruktion von Polygonen unter bestimmten Bedingungen.
Der wichtigste Teil des Werkes ist aus heutiger Sicht eine Theorie
der regulären und halbregulären Polyeder. Reguläre Körper werden durch kongruente regelmäßige Flächen begrenzt, bei halbregulären Körpern dagegen durch zwei verschiedene Figuren,
z. B. Fünfecke und Dreiecke. Die Beschäftigung mit derartigen

Polyedern hatte auch eine praktische Komponente, fanden sie doch
für Schmuck und Verzierungen in der Architektur vielfältige
Verwendung.

In der oben genannten Arbeit Dürers sind u. a. die Netze von
sieben Körpern enthalten, aus denen sich durch Zusammenfalten
halbreguläre Polyeder ergeben. Stevin zeigte, daß sich halbreguläre
Körper auch durch Abschneiden von Ecken regulärer Körper

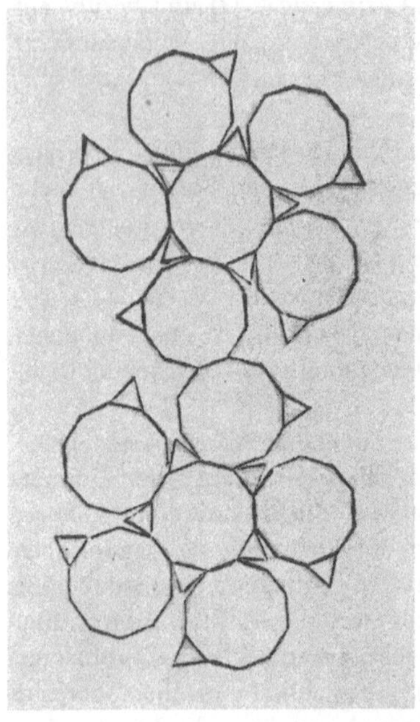

4 Netz eines halbregulären Körpers (32-Flächner) [2]

konstruieren lassen. Dieser Nachweis gelingt ihm nicht nur für
sechs der Dürerschen halbregulären Körper, sondern er findet
auf diese Weise noch drei weitere halbreguläre Körper. Abb. 4
zeigt die Abwicklung eines derartigen halbregulären Polyeders,
der aus einem Dodekaeder hervorgeht und 12 Zehnecke und
20 Dreiecke aufweist. Damit konnte die Existenz von 10 halbregulären Körpern nachgewiesen werden, eine bemerkenswerte ori-
ginäre Leistung des Niederländers.

Stevin galt schon um 1582/83, zumindest in Leiden, als mathematischer Experte. Das zeigt seine Bemerkung, daß sich „Frans

Cophart, der Leiter unseres ... Collegium Musicorum, der ein
außergewöhnlicher Liebhaber der Geometrie ist" [21b, S. 225]
an ihn gewandt habe, weil dieser glaubte, einen weiteren regulären Körper (es gibt nur fünf) gefunden zu haben. Stevin konnte
jedoch nachweisen, daß sich derartige Polyeder stets ergeben,
wenn auf den Flächen eines regulären Polyeders Pyramiden errichtet werden. Die dadurch entstandenen Körper sind aber keine
regulären Polyeder im Sinne der Definition und werden als „ver-
mehrte reguläre Körper" bezeichnet.
Die auf „Problemata Geometrica" zeitlich folgende mathematische
Arbeit umfaßt nur 36 Seiten, ist aber eine der wichtigsten Schriften
des Niederländers überhaupt. Sie trägt den Titel „De Thiende"
(Die Zehner) [4; 22] und erschien 1585 in holländischer Sprache
in Leiden bei Plantijn, der dorthin übergesiedelt war.

Sie lehrt ... alle Rechnungen ... ohne Brüche zu erledigen; in der Weise, daß
die vier ersten einfachen Anfangsgründe der Rechenkunst, die man Zusam-
menzählen, Abziehen, Vervielfältigen und Teilen heißt, mit ganzen Zahlen
dazu ausreichen [22, S. 10],

bemerkt Stevin eingangs. In der Tat enthält die Schrift eine systematische Abhandlung über Dezimalzahlen und das Rechnen mit
ihnen, wenngleich noch nicht in der heutigen Terminologie und
Schreibweise. Die Anfänge der Dezimalzahlen reichen zwar
bis in das 13. Jahrhundert zurück, aber Stevin war der erste, der
sie nicht nur klar definierte, sondern auch alle Grundrechenarten
mit ihnen demonstrierte und auf ihre große praktische Bedeutung
hinwies. Letzteres spiegelt sich schon in der Widmung wider, die in
diesem Fall nicht an hochgestellte Persönlichkeiten gerichtet ist.
Stevin beginnt mit den Worten: „Den Astronomen, Landmessern,
Tuchmessern, Weinmessern, Stereometern im allgemeinen, Münz-
meistern und allen Kaufleuten wünscht Simon Stevin Glück"
[22, S. 9] und spricht damit einen bestimmten Personenkreis an.
Die genannten Berufsgruppen hatten beim Rechnen manche
Schwierigkeiten. Gemeine Brüche ließen sich ohne Gleichnamig-
machen manchmal schwer miteinander vergleichen. Nachteilig
war auch, daß die Maßeinheiten selten dezimal unterteilt waren;
es überwogen Unterteilungen in 6, 12, 20 und 60 Einheiten.
Hinzu kam noch, daß Maße und Gewichte trotz gleicher Bezeich-
nungen örtlich differierten. Die großen Vorteile des Rechnens

mit *Thiende*zahlen, so Stevin, würden daher erst dann voll wirksam werden, wenn Maße, Gewichte, Währungen usw. einheitlich sind und eine dezimale Unterteilung erfolgt. Diese sehr progressive Forderung ist in Zusammenhang zu sehen mit Bestrebungen zur Bildung eines Nationalstaates in den nördlichen Niederlanden. Stevin erkannte wohl selbst, daß sich seine Gedanken zum damaligen Zeitpunkt in vollem Umfang noch nicht realisieren ließen und beschränkt sich deshalb darauf, zunächst nur für die lokalen Maße eine dezimale Teilung zu fordern.

Im Mittelpunkt der „Thiende" steht die Anleitung für das Rechnen mit den Thiendezahlen, die durch eine besondere Symbolik gekennzeichnet sind. So schreibt Stevin z. B. für die gemischte Zahl

$$15\,\frac{3759}{10\,000}\,,$$

also für die Summe

$$15 + \frac{3}{10} + \frac{7}{100} + \frac{5}{1000} + \frac{9}{10\,000}\,,$$

als Thiendezahl
15 ⓪ 3 ① 7 ② 5 ③ 9 ④ .
Ganze Zahlen werden demnach durch das nachgestellte Symbol ⓪, Zehntel durch ①, Hundertstel durch ② usw. bezeichnet. Fehlt eine Zehnerpotenz $\leq 10^{-1}$, so ist an diese Stelle eine Null einzusetzen.

Zur Veranschaulichung der Stevinschen Methode ein Beispiel [21 b, S. 411]: Zu addieren sind die Thiendezahlen
8 ⓪ 5 ① 6 ② und 5 ⓪ 7 ② ,
also 8,56 und 5,07 in heutiger Form.
Stevin schreibt:

⓪	①	②
8	5	6
5	0	7
13	6	3

Das Ergebnis lautet demnach
13 ⓪ 6 ① 3 ② ,
also 13,63 in Dezimalschreibweise.
Die verwendete Symbolik erscheint aus heutiger Sicht sehr um-

ständlich, war aber erheblich einfacher als alle davor benutzten
Darstellungsformen. Wie das Beispiel zeigt, verzichtet Stevin beim
Rechnen darauf, jede Position einzeln zu kennzeichnen. Manch-
mal schreibt er auch:

$$\begin{array}{ccc} ⓪ & ① & ② \\ 13 & 6 & 3 \end{array} \quad \text{oder} \quad 1363 \;②\,,$$

was noch näher an die heutige Darstellung heranführt.

Analog zum Vorgehen bei der Addition behandelt Stevin in [4]
Subtraktion, Multiplikation und Division und erklärt auch das
Ziehen von Wurzeln unter Verwendung von Thiendezahlen.
Die Vorteile seines Verfahrens weist er — jeweils am gleichen
Beispiel — durch entsprechende, natürlich bedeutend umständli-
chere Rechnungen mit gemeinen Brüchen nach.

Der Anhang von „De Thiende" besteht aus sechs Abschnitten:
Land(ver)messung, Tuchmessung, Weinmessung, allgemeine
Berechnungen von Körpern, astronomische Messungen, Rechnen
mit Gewichten und Währungen. Man solle dabei stets eine dezimale Unterteilung der benutzten Einheiten etwa für Länge oder
Gewicht vornehmen, um so mit Thiendezahlen rechnen zu
können und zum Schluß das Ergebnis dieser Rechnung wieder
in die (noch) übliche Schreibweise fassen. Eine behördliche Anordnung sei dazu nicht notwendig. Seine Methode habe er verschiedenen erfahrenen Landmessern in Holland vermittelt und
diese benutzten sie erfolgreich [22, S. 11]. Zum Schluß schreibt
Stevin:

Aber wenn schon dies alles [die allgemeine Benutzung dezimaler Einheiten —
R. G.] nicht so schnell ins Werk gesetzt wird, wenngleich es zu wünschen wäre,
so wird es uns fürs erste genügen, daß es zumindest unseren Nachkommen
förderlich sein würde. [22, S. 29]

Diese Hoffnung erfüllte sich bekanntlich erst Jahrhunderte später.
Dagegen setzte sich das Rechnen mit Dezimalzahlen bereits in der
ersten Hälfte des 17. Jahrhunderts allmählich durch. Stevins Anteil an der Entwicklung war seinen Zeitgenossen und Nachfolgern
bekannt und wurde von ihnen entsprechend gewürdigt. Zum
Bekanntwerden trugen auch Übersetzungen von „De Thiende"
bei. Den stärksten Widerhall fanden Stevins Gedanken bei John
Napier, der 1616 in seinen Logarithmentafeln die noch heute
übliche Schreibweise — allerdings mit einem Punkt, statt einem
Komma — einführte.

Stevins Abhandlung über die Thiendezahlen ist auch in einem anderen mathematischen Werk des Niederländers enthalten, das ebenfalls 1585 in Leiden erschien. Es ist in französischer Sprache verfaßt und besteht aus zwei Hauptteilen: „L'Arithmetique" (Die Arithmetik) [5] und „La Pratique d'Arithmetique" (Praktische Arithmetik) [6]. Die beiden Arbeiten gehören mit über 850 Seiten zu den umfangreichsten Veröffentlichungen Stevins. Vollkommen Neues ist darin wenig vorhanden, aber dieses Lehrbuch wird von dem Mathematikhistoriker D. J. Struik [33, S. 475] als die wohl beste Darstellung der Algebra zum damaligen Zeitpunkt bezeichnet und zeigt wichtige Charakteristika nahezu aller Stevinscher Schriften: In der Gliederung des Stoffes und der Art und Weise der Behandlung der Thematik geht Stevin meist eigene Wege, die sich vor allem durch die große Übersichtlichkeit im Vergleich zu Vorgängern und Zeitgenossen auszeichnen. Die ausführlich studierte Originalliteratur wird, auch kritisch, analysiert und sehr häufig durch eigene Vorstellungen, die als solche leider nicht ausgewiesen sind, erweitert und ergänzt.

„L'Arithmetique" besteht aus zwei Teilen, von denen der erste überwiegend Definitionen und Erläuterungen enthält, der zweite „Operationen", d. h. das Rechnen mit den im ersten Teil eingeführten Zahlen. Zahl ist bei Stevin das, was die Quantität jedes Gegenstandes ausdrückt. Die Null ist seiner Meinung nach keine Zahl und kann daher auch nicht Wurzel einer Gleichung sein! Scharf wendet sich Stevin gegen die Ansicht einiger Mathematiker, einige Ausdrücke seien als „irrational" zu bezeichnen. „Es gibt keine absurden, irregulären, unerklärlichen oder irrationalen Zahlen" [21 c, S. 532], schreibt er. Für Stevin ist z. B. $\sqrt{7}$ nur die Schreibweise einer Zahl, deren Quadrat 7 ist, genau so, wie $\sqrt{4}$ eine Schreibweise für 2 ist. Dagegen lehnte er die von Girolamo Cardano u. a. eingeführten imaginären Zahlen mit Entschiedenheit ab.

Stevin unterscheidet

– arithmetische Zahlen (ganze Zahlen und Brüche),
– geometrische Zahlen (das sind eine Reihe aufeinanderfolgender Potenzen, z. B. $2^{\frac{1}{2}}$, 2^1, 2^2, 2^3 usw. nach heutiger Schreibweise) und
– algebraische Zahlen.

Unter letzteren sind nach heutigem Verständnis Polynome zu verstehen, z. B.

$$3x^4 - 6x^3 + 5x^2 + 3x + 8 \; .$$

Stevin schreibt

3 ④ − 6 ③ + 5 ② + 3 ① + 8.

Das Einringeln hat eine abweichende Bedeutung gegenüber den Thiendezahlen [4]: Hier wird die Veränderliche, er bezeichnet sie als „erste Größe", durch das Symbol ① ausgedrückt; ②, ③ usw. (zweite Größe, dritte Größe usw.) kennzeichnen die Potenzen der Veränderlichen.

Bei mehreren Veränderlichen wurde vor die eingeringelten Zahlen „sec", „tri" usw. gesetzt, z. B. wird

$3x^2, 3y^2, 3z^2$ als 3 ②, 3 sec ②, 3 tri ②

geschrieben. Zu beachten ist, daß die Koeffizienten bei Stevin stets bestimmte Zahlen sind. Allgemeine Zahlen wurden erst 1591 von Vieta eingeführt.

Die von Stevin benutzte Schreibweise für Polynome scheint umständlich. Man muß aber bedenken, daß sich der mathematische Fortschritt auch in Verbesserungen von Methoden und Schreibweisen darstellt. Vor Stevin wurden meist die „cossischen Zeichen" verwendet, bei denen jeweils spezielle Symbole für die einzelnen Potenzen der Veränderlichen und besondere Namen für jedes einzelne Symbol erforderlich waren. Mit den Begriffen „erste, zweite, dritte . . . Größe" und neuen Kennzeichnungen ergaben sich aber ohne Zweifel Erleichterungen.

Nach diesen wenigen Beispielen aus dem ersten Teil von „L'Arithmetique" nun zum zweiten Teil, den „Operationen", welche die *Algebra* in ihrer ursprünglichen Bedeutung als Lehre von den Gleichungen enthalten. Sie wurde, besonders hinsichtlich linearer und quadratischer Gleichungen in der Renaissance noch wesentlich beeinflußt durch Euklids „Elemente" und Al-Khwarizmis „Algebra". Die Theorie der Gleichungen erfuhr aber im 16. Jahrhundert durch die Behandlung von Gleichungen dritten und höheren Grades gegenüber der Antike wesentliche Erweiterungen und Veränderungen, woran vor allem Tartaglia, Cardano, Bombelli und Stifel (um nur einige zu nennen) beteiligt waren. Stevin kannte deren Arbeiten, ging aber in der Algebra eigene Wege. Am Beispiel der quadratischen Gleichung soll dies erläutert werden.

Nach Stevin besteht das Lösen einer Gleichung darin, das vierte Glied einer Proportion zu bestimmen, deren andere Glieder bekannt sind. Der Grund für dieses Vorgehen ist rein methodischer Natur, wie er selbst erläutert: Das Wort *Gleichung* habe für den Anfänger die Bedeutung von etwas Außergewöhnlichem; aber in Wirklichkeit handle es sich um etwas sehr Einfaches aus der gewöhnlichen Arithmetik.

Es ist sehr interessant, die Darlegungen Stevins zur Lösung und Probe einer Gleichung [21c, S. 595ff.] dem heutigen Vorgehen anhand eines Beispiels gegenüber zu stellen, erkennt man doch daran besonders deutlich, welche Verkürzung des Aufwandes sich durch Lösungsformeln ergibt. Stevin beginnt stets mit einer Problemstellung:

Es sind drei Terme (einer Proportion) gegeben. Der erste ist 1 ②, der zweite 4 ① + 12, der dritte 1 ①. Man finde den vierten Term! $(x^2 : (4x + 12) = x$: vierter Term. Zu lösen ist also die quadratische Gleichung $x^2 = 4x + 12$; in allgemeiner Form $x^2 = ax + b$.) Bei der „Konstruktion", d. h. der Lösung, bedient sich Stevin einer von Cardano angegebenen Regel, die in lateinischen Worten nichts anderes ausdrückt als die heute benutzte Lösungsformel

$$x = -\frac{a}{2} \pm \sqrt{\frac{a^2}{4} + b}$$

für die Gleichung $x^2 + ax + b = 0$.

Entsprechend Cardanos Vorschrift schreibt Stevin im speziellen Falle $(x^2 = 4x + 12)$:

Die Hälfte von 4 ist 2,	$(a/2)$
das Quadrat davon 4,	$a^2/4$
füge 12 hinzu: $4 + 12 = 16$,	$a^2/4 + b$
ziehe die Quadratwurzel: $\sqrt{16} = 4$,	$\sqrt{a^2/4 + b}$
füge 2 hinzu, man erhält 6.	$a/2 + \sqrt{a^2/4 + b}$
6 ist der gesuchte vierte Term.	

Die Probe wird von Stevin als „Arithmetische Demonstration" bezeichnet (Verhältnis- und Gleichheitszeichen kennt und benutzt er noch nicht.):

1 ② 4 ① + 12		1 ① 6		$6^2 : (4 \cdot 6) + 12 = (1 \cdot 6) : 6$
36. 36.		6. 6.		$36 : 36 \qquad = 6 \qquad : 6$

Im Gegensatz zu seinen Vorgängern kommt Stevin bei der quadratischen Gleichung mit *einer* Rechenvorschrift aus, da bei ihm a und b positiv oder negativ sein können. Übrigens galt im 16. Jahrhundert eine Gleichung als gelöst, wenn *eine* Lösung gefunden war. Stevin weist deshalb auch ausdrücklich darauf hin, wenn er einmal zwei positive (nur diese werden akzeptiert!) Lösungen erhält.

Mit der Probe ist für den Niederländer die Aufgabe noch nicht vollständig gelöst. Er führt noch eine „Geometrische Demonstration" durch, bei der die Lösung der Gleichung geometrisch interpretiert wird. Derartige Verfahren verschwanden am Ende des 16. Jahrhunderts aus der Algebra. Daß Stevin sie noch benutzt, hängt vor allem damit zusammen, daß Euklid sein Lieblingsautor ist und daß sich der Niederländer noch nicht völlig, wie auch andere Stellen seiner Werke erkennen lassen, von den antiken Vorbildern lösen kann.

In ähnlicher Weise werden von Stevin auch Gleichungen dritten und vierten Grades behandelt, wobei er auf bereits bekannte Verfahren zurückgreift. Als überragende Regel der Algebra sieht er zur Lösung von Gleichungen die „regula falsi" an.

Ein einfaches Beispiel aus seinem Buch [21 c, S. 682] in heutiger Schreibweise:

Gegeben ist

$$x + \frac{1}{2} x = 18 \, ,$$

wie groß ist x? Wenn man annimmt, daß z. B. $x = 1$ ist, so ergibt sich für die rechte Seite der Gleichung

$$1 \frac{1}{2} \, .$$

x wurde also falsch gewählt. Da aber $12 \cdot 1 \frac{1}{2}$ den richtigen Wert 18 ergibt, ist $x = 12 \cdot 1 = 12$.

Erwähnenswert ist schließlich noch eine von ihm selbst gefundene Methode zur Bestimmung *einer* Näherungslösung für numerische Gleichungen beliebigen Grades, die in einer nur wenige Seiten umfassenden Schrift „Appendice Algebraique" [11] erstmals 1594 veröffentlicht und in spätere Nachdrucke von [5] aufgenommen wurde.

Das von Stevin angegebene Beispiel lautet (in heutiger Schreibweise):

$$x^3 = 300x + 33\,915\,024\,.$$

Die Zahlen wurden von Stevin so gewählt, daß sich als Wurzel
eine ganze Zahl ergibt. Er setzt versuchsweise $x = 100$, 1000,
10000 usw. und findet, daß für $x = 100$ die linke Seite der Gleichung zu klein, für $x = 1000$ zu groß ist. In gleicher Weise werden
$x = 200$, 300, 400, bzw. 310, 320, 330 usw. gesetzt. Als Lösung
ergibt sich 324.
Im folgenden Beispiel lautet die Gleichung

$$x^3 = 300x + 33\,900\,000\,.$$

Hier muß die Wurzel, wie Stevin zeigt, zwischen 323 und 324
liegen. Die weitere Annäherung erfolgt mit Brüchen (seltsamer-
weise benutzt er hierbei nicht die „Thiendezahlen"!), wobei er
nacheinander

$$\frac{8}{10}\,,\ \frac{83}{100}\,,\ \frac{833}{1000}\,,\ \frac{8333}{10000}$$

erhält [21c, S. 741ff.]. Für die damalige Zeit waren Näherungslösungen von Gleichungen nahezu unbekannt. Daß Stevin die mit
seiner Methode verbundenen Möglichkeiten nicht weiter verfolgte,
kann man ihm nicht anlasten; es fehlten einfach noch die Voraussetzungen dafür.
Stevins „Praktische Arithmetik" [6] soll hier nicht erörtert werden.
Das Buch enthält neben einer Theorie der Proportionen Geld-,
Dreisatz-, Mischungs- und Gesellschaftsrechnungen und bringt
für die damalige Zeit nur Bekanntes. Alle in diesem Abschnitt
besprochenen geometrischen und arithmetischen Arbeiten Stevins
sind wahrscheinlich parallel entstanden, zumindest aber zwischen
1582 und 1585 zur Veröffentlichung vorbereitet worden. Danach
wechselte Stevin das Arbeitsgebiet.

„Die Wissenschaft muß allen zugängig sein"

Im gleichen Jahr wie „De Thiende" und „L'Arithmetique", zeitlich aber noch vor ihnen, erschien eine weitere Arbeit Stevins: „Dialectike ofte Bewysconst" (Dialektik oder Beweiskunst) [3], durch die „... der Weg zu den allertiefsten Geheimnissen der Natur aufgezeigt wird", wie es im Titel heißt.

In dieser Schrift wird im wesentlichen die Logik erläutert. Sehr ausführlich befaßt sich Stevin mit den verschiedenen Formen des Syllogismus. Allein 17 der 47 Definitionen sind dieser Thematik gewidmet. Es verwundert daher auch nicht, daß Stevin an einigen Stellen seiner mechanischen Arbeiten Syllogismen hin und wieder benutzt, wie noch gezeigt wird.

Syllogismen sind eine Form der logischen Beweisführung, die in der Scholastik ein hohes Niveau erreicht hatte. Dabei wird aus zwei Prämissen (Vordersätzen, Voraussetzungen) eine Konklusion (Schlußfolgerung) gezogen, die zwar „logisch", aber nicht immer richtig ist, wie das folgende von William Gilbert stammende Beispiel zeigt:

— Die Erde ist ein Magnet.

— Ein drehbar aufgehängter kleiner kugelförmiger Magnet dreht sich nicht von selbst in 24 Stunden um eine Achse.

— Also dreht sich auch nicht die Erde.

Stevins „Dialectike" ist in duytscher Sprache gedruckt. Unter duytsch — im folgenden mit holländisch übersetzt — ist die damals in den Niederlanden, in dieser Form vor allem in Holland, benutzte Abart des Niederdeutschen zu verstehen. Es unterscheidet sich erheblich vom heutigen Niederländischen. Zwar hatte Stevin die „Tafelen van Interest" und „De Thiende" ebenfalls in seiner Heimatsprache verfaßt, aber das waren Schriften für den Praktiker, der meist keine Fremdsprachenkenntnisse besaß. Für seine bisherigen wissenschaftlich-theoretischen Arbeiten [2] und [6; 7] benutzte er dagegen die lateinische bzw. die französische Sprache. Warum wurde nun die „Dialectike" in Holländisch geschrieben? Die Antwort findet man im Vorwort. Dort weist Stevin darauf hin, daß Freunde und Landsleute, die keine Fremdsprache beherrschen, aber große Liebhaber der Künste (d. h. der Wissenschaften) sind, als sie von seinem Vorhaben hörten, ein Mathematikbuch in Französisch zu schreiben, es ihm zur Pflicht gegenüber dem Vaterland machten, sich zukünftig der Landessprache zu bedienen [24, S. 299]. Und tatsächlich schrieb Stevin nicht nur alle seine folgenden Bücher ausschließlich in Holländisch, sondern begründete an vielen Stellen seiner Werke auch, warum er diese Sprache bevorzugt. Seine Gedanken dazu sind zur Charakterisierung der Gesamtpersönlichkeit von einigem Interesse. Stevins Ansichten lassen sich in vier Komplexen zusammenfassen.

1. Die prinzipiell und allerorts für die Wissenschaft geeignetste Sprache ist das Holländische. Diese These sucht Stevin in einem, einer späteren Arbeit [7] vorangestellten Kapitel „Uytspraek van de weerdicheyt der duytsche tael" (Abhandlung über die große Bedeutung der holländischen Sprache), zu beweisen.

Durch seitenlange statistische Untersuchungen und Belege zeigt Stevin zunächst, daß viele holländische Wörter nur eine Silbe haben, also sehr kurz sind, während das im Griechischen und Lateinischen nur selten der Fall ist. Ein weiterer Vorzug des Holländischen bestehe darin, daß man auf sehr einfache und systematische Weise Wortverbindungen herstellen könne, die eindeutig sind und aus einem Bestimmungs- und einem Grundwort bestehen, wie etwa Glasfenster (ein Fenster aus Glas) und Fensterglas (Glas für ein Fenster, nicht für ein Trinkgefäß) [21a, S. 84]. Und im Gegensatz zum Lateinischen lassen sich im Holländischen Lehrsätze und wissenschaftliche Sachverhalte besonders klar und in komprimierter Form darstellen, ebenso wie neue Begriffe der Wissenschaft.

2. Das Holländische ist hervorragend geeignet, die Menschen zu bewegen, emotionell zu beeinflussen. Das sehe man am Beispiel der Prediger in den Niederlanden, deren Einfluß nicht zuletzt durch den Gebrauch der Muttersprache im Gottesdienst so groß sei. Außerdem versage manchmal die lateinische Sprache prinzipiell, wenn es gelte, sich besonders deutlich auszudrücken. So fand der Schweizer Gelehrte Henricus Glareanus in einer lateinischen Rede, in der er die Laster der antiken römischen Kaiser anprangerte, keine lateinischen oder griechischen Worte, um seine Empörung deutlich zu machen (obwohl er diese Sprachen sehr gut

beherrschte). Er habe deshalb in seine lateinische Rede deutsche Sätze eingefügt, indem er z. B. sagte, Tiberius sei „. . . ein abgfeimpter, eerloser, zunichtigher (nichtsnutziger) boesswicht . . .“ gewesen; von dem „. . . leidighen Tüfel“ (leibhaftigen Teufel) wird gesprochen, und im Zusammenhang mit Caligula heißt es: das „. . . schandlich physickguckly . . .“ [21a, S. 87]

3. Stevins Hauptargument gründet sich auf in den Niederlanden verbreitete utopisch-phantastische Vorstellungen von einer „wysentyt“, einem „Zeitalter der Weisheit“. In der „wysentyt“, in sehr weit zurückliegenden Zeiten, lebte die Menschheit in einem glücklicheren Zustand. Damals verfügten die Menschen über vollkommene Fertigkeiten und Kenntnisse; nach Stevins Meinung galt das vor allem hinsichtlich der Mathematik und der Naturwissenschaften. Aus nicht bekannten Gründen ist diese hochentwickelte Kultur vernichtet und nur weniges überliefert worden. Um dieses Goldene Zeitalter wieder zu erreichen, sei es notwendig, durch das Sammeln von Erfahrungen und Kenntnissen *vieler* Menschen ein festes Fundament für die Künste, d. h. die Wissenschaften, zu schaffen, denn

— ein Mensch allein kann nicht alles wahrnehmen,
— Erfahrungen von vielen Menschen verdienen mehr Vertrauen, als die Erfahrungen weniger,
— gemeinsame Arbeit regt zum Wetteifern an, u. a. m.

Alle Personen, die zur wissenschaftlichen Arbeit imstande sind, müssen daher, ohne Rücksicht auf ihre Ausbildung und ihren sozialen Status zusammenwirken und dürfen nicht durch Sprachbarrieren davon ausgeschlossen sein, wie das in den Freien Künsten (z. B. Philosophie, Mathematik u. a.) der Fall ist, die nur in Lateinisch gelehrt werden. Daher ist es notwendig, die Wissenschaften in der Landessprache zu vermitteln, da beim Erlernen einer Fremdsprache zu viel Zeit verschwendet wird, etwa um lateinische Gedichte und Aphorismen auswendig vorzutragen, das lateinische Sprechen zu üben, usw. Für Juristen, Theologen und Mediziner sei das Latein nötig, aber nicht für die Mathematik und die (Natur-) Wissenschaft [21d, S. 613].

4. Die Sprache der „wysentyt“ war das Holländische bzw. kam diesem sehr nahe. Diese These geht auf den Antwerpener Arzt Becanus zurück. Es verwundert einigermaßen, daß ein sonst so nüchterner Wissenschaftler wie Stevin nicht nur gleiche Ansich-

ten vertritt, sondern auch phantastische Vorstellungen entwickelt, um dies zu belegen. Das geht soweit, daß er behauptet, auch die Gallier hätten früher duytsch gesprochen und selbst die Spanier ihre Sprache dem Holländischen nachgebildet.

Die Verwendung des Holländischen in seinen Arbeiten bedeutete für Stevin einen erheblichen zusätzlichen Arbeitsaufwand, denn ein naturwissenschaftliches und technisches Holländisch gab es noch nicht. Er mußte daher fremdsprachliche, besonders lateinische Begriffe und Ausdrücke durch holländische Neuschöpfungen ersetzen. Dabei entging er in seinen späteren Arbeiten nicht immer der Gefahr, in einen strengen Purismus zu verfallen. Zum besseren Verständnis fügte Stevin in seinen Schriften die lateinischen oder französischen Begriffe als Marginalien bei. Einige hundert neue holländische Ausdrücke dürften auf ihn zurückgehen.

Sein Eintreten für die Verwendung der Landessprache in wissenschaftlichen Veröffentlichungen ist durchaus progressiv. Derartige Tendenzen, die Muttersprache als Sprache der Bildung und Kultur zu benutzen, finden sich zur damaligen Zeit auch in anderen Ländern, man denke nur an die, allerdings später erschienenen, Hauptwerke Galileis, den „Dialog über die beiden Weltsysteme" und die „Unterredungen und mathematische Demonstrationen", die in italienischer Sprache geschrieben sind. Während Galilei aber den eigentlichen theoretischen Teil, die Grundlagen der Kinematik, in letzterer Arbeit noch in lateinischer Sprache einfügte, ist Stevin konsequent in seiner Ablehnung der Fremdsprachen und fremdsprachlicher Ausdrücke.

Sicherlich muß man Stevins Eintreten für das Holländische auch im Zusammenhang mit dem Kampf gegen die spanische Fremdherrschaft sehen und als Ausdruck des — teilweise sogar übersteigerten — Selbstbewußtseins der Bürger eines Landes, das erfolgreich der stärksten Militärmacht Europas trotzt. Es ist nicht nur eine Kampfansage an die Universitäten alten Stils, die unter den sich schnell ändernden gesellschaftlichen und ökonomischen Bedingungen nicht mehr (auf Grund der alleinigen Verwendung des Lateinischen) den Anforderungen der Praxis entsprachen, sondern auch an die das Latein benutzende Papstkirche.

Daß Stevin mit seiner Forderung nach Verwendung des Holländischen als allgemeiner Wissenschaftssprache kaum Anklang bei ausländischen Wissenschaftlern finden würde, war ihm wohl selbst bewußt. Es ist aber recht amüsant und gibt auch einen Eindruck von seinem volkstümlichen Stil, wenn man liest, wie er gegen Ausländer wettert, die das Holländische ablehnen: Die

... Verächter der holländischen Sprache :..., diese Spötter verdienen Hohn; sie urteilen wie ein Blinder über die Farben ... Ja, sagen sie, obwohl wir diese Sprache viele Jahre studierten, sprechen wir sie noch so erbärmlich, daß die Holländer lachen müssen, wenn sie es hören. Aber diese lernen sehr schnell unsere Sprache. Was kann dann nützlich am Erlernen des Holländischen sein? Oh, dieses miserable, gemeine Gesindel! ... Weil eine Mauer weiß anzustreichen leichter ist als etwa das „Urteil des Paris" zu malen, ist sie [die angestrichene Mauer — R. G.] etwa ein größeres Kunstwerk? Weil es am schwierigsten ist, die Konturen eines nackten menschlichen Körpers vollkommen darzustellen, ist deshalb diese Kunst am meisten zu verachten? Weil ein Musikstück mit vier oder fünf Stimmen, voll von schönen Kanons, geschickten Kadenzen, angenehmen Kontrapunkten, für Leute, die die Laute spielen lernen, viel schwerer ist, als Tanz- oder gewöhnliche Straßenlieder, ist es deshalb auch das Verächtlichste? ... Weil die holländische Sprache, welche geeignet ist, die tiefsten Geheimnisse der Natur aufs Gründlichste zu erklären, schwieriger als andere Sprachen zu erlernen ist, ... ist sie deshalb die simpelste? Ja, so ist es für die simpelsten der einfältigen Trottel, die nicht wissen, worin die Vortrefflichkeit oder Lieblichkeit von Sprachen besteht. [21 a, S. 88]

Natürlich lernte niemand das wenig verbreitete Holländisch, um Stevins Schriften im Original zu lesen. Das hatte leider zur Folge, daß einige Arbeiten des Niederländers anfangs nicht die Verbreitung erlangten, die sie verdienten. An anderer Stelle wird darauf noch eingegangen.

„Ein Wunder, und es ist doch kein Wunder"

Die Herausbildung der Physik als Wissenschaft im heutigen Sinne begann Ende des 16. Jahrhunderts auf dem Gebiete der Mechanik. In der Periode des Frühkapitalismus hatte es zwar eine Fülle technischer Fortschritte gegeben, diese waren jedoch nahezu ausschließlich empirisch zustandegekommen. Diese Methode reichte nicht mehr aus, um die sich aus den ständig wachsenden Anforderungen der Praxis ergebenden Probleme zu lösen, etwa im Manufaktur- und Transportwesen, bei Antriebs- und Arbeitsmaschinen, um nur einige Bereiche zu nennen. Entscheidend für den weiteren Fortschritt war die sich durchsetzende Denkweise, die wir auch bei Stevin finden, daß eine Verbesserung der Geräte und Vorrichtungen nur möglich ist, wenn man die Gesetzmäßigkeiten kennt, auf denen die benutzten mechanischen Einrichtungen basieren. Bereits seit der Antike gab es einige Grundkenntnisse auf mechanischem Gebiet, die jedoch bis in das 16. Jahrhundert keine nennenswerten Erweiterungen erfahren hatten und zur Lösung der genannten Aufgaben nicht ausreichten.

Das erkannte auch Stevin, der als Praktiker mit der genannten Problematik vielfach konfrontiert war. Seine wichtigsten Arbeiten zur Mechanik erschienen 1586 in Leiden. Es handelt sich um drei in sich abgeschlossene Teile. Nach heutiger Terminologie wird in den beiden ersten Teilen die Statik der festen Körper behandelt. Die Titel lauten: „De Beghinselen der Weeghconst" (wörtlich: „Die Grundlagen der Kunst des Wägens", d. h. des Gleichgewichts, der Gleichgewichtsbedingungen) [7], und „De Weeghdaet" (Praktische Wägung, d. h. angewandte Statik) [8]. In beiden Schriften werden hauptsächlich kraftumformende Einrichtungen, wie Hebel, geneigte Ebene und Wellrad, Schwerpunkte und Schwerelinien, Gleichgewichte, behandelt, aber auch allgemeine Gleichgewichtsbedingungen bei mehreren, in beliebigen Richtungen wirkenden Kräften. Stevin führt z. B. die verschiedenen Gleichgewichtsarten eines Körpers (stabiles, labiles, indifferentes) ein, ohne jedoch diese Begriffe zu benutzen.

Stevin knüpft an Archimedes' Schrift „De Planorum Aequilibris" an, beschränkt sich aber nicht darauf, die Gedanken und Erkenntnisse des Syrakusers auf spezielle Probleme anzuwenden, sondern schlägt wiederum, wie in seinen anderen Schriften, eigene, oft sehr originelle Wege ein und geht an vielen Stellen weit über seinen Vorgänger hinaus. Man kann ihn als den großen Fortsetzer und Vollender der Arbeiten des Archimedes bezeichnen, denn die Statik des ausgehenden Mittelalters und der Renaissance wird durch Stevin zu einem relativen Abschluß gebracht. Der Wissenschaftshistoriker Sarton [30, S. 284] bezeichnet ihn daher zu Recht als den größten Mechaniker zwischen Archimedes und Galilei. Aus der Fülle des Stoffes, der von Stevin behandelt wird, können nur einige Komplexe herausgegriffen werden.

Breiten Raum nimmt in der „Weeghconst" die Behandlung des Hebels ein; allein 18 Lehrsätze werden dieser Thematik gewidmet. Dabei hält sich der Niederländer weitgehend an Archimedes und lehnt das von Jordanus Nemorarius auf der Grundlage von Überlegungen des Aristoteles aufgestellte „Prinzip der virtuellen Verschiebungen" entschieden ab. Gegen diese „dynamische Methode" erhebt Stevin prinzipielle Einwände, denn der Gleichgewichtszustand sei ja gerade dadurch gekennzeichnet, daß keinerlei Verschiebungen auftreten. Es ist nun bemerkenswert, daß er seine Ablehnung — noch ganz in mittelalterlicher Art — mit einem Syllogismus begründet, der sinngemäß lautet:

— Was sich in Ruhe befindet, beschreibt keinen Kreis.

— Zwei Körper, die einander im Gleichgewicht halten, sind in Ruhe.

— Deshalb beschreiben zwei Körper, die einander im Gleichgewicht halten, keinen Kreis.

Stevin bezieht sich dabei auf einen zweiseitigen Hebel, bei dem sich bekanntlich bei einer Drehung die Angriffspunkte der an den Hebelarmen angreifenden Kräfte auf Kreisbögen verschieben.

In einen vollkommen neuen Bereich der Statik stößt Stevin vor, wenn er ankündigt, daß er sich nunmehr, nachdem senkrecht wirkende Kräfte am Hebel behandelt wurden, schräg wirkenden Kräften zuwenden wolle.

Ausgangspunkt sind Betrachtungen über das Gleichgewicht von Körpern auf der geneigten Ebene, das von Archimedes nicht untersucht wurde. Da Stevin, wie bereits erwähnt, die dynamische Methode des Jordanus Nemorarius ablehnt — eine Veröffentlichung aus dem Jahre 1565 „Jordani Opusculum de Ponderositate" enthält eine auf diese Weise hergeleitete Gleichgewichtsbedingung für die geneigte Ebene —, schlägt er einen vollkommen neuartigen Weg ein, der in verkürzter Form wiedergegeben werden soll, um einen Einblick in die damals übliche Darstellung zu geben.

Stevin legt seinen Überlegungen eine doppelte geneigte Ebene zugrunde, deren Schnitt ABC sei. Die Seite $\overline{AB}$ hat die doppelte Länge der Seite $\overline{BC}$. Nach dem wie üblich vorangestellten Lehrsatz und den Annahmen schreibt er in der „Einleitung":

Laßt uns um das Dreieck ABC einen Kranz von 14 Kugeln machen, von gleicher Größe, gleichem Gewicht und gleichem Abstand voneinander ($E, F \ldots D$). Alle sind auf einer Schnur befestigt, die so durch ihre Mittelpunkte geht, daß sich die Kugeln um diese drehen können. Zwei der Kugeln befinden sich auf der Seite $\overline{BC}$ und vier auf $\overline{BA} \ldots S, T, V$ mögen drei Festpunkte sein, über

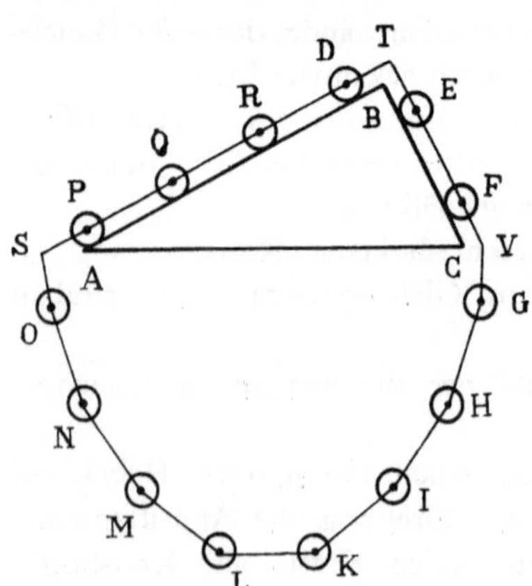

5 Kugelkranzbeweis Stevins [7]

welche die Kugelschnur derart gleiten kann, daß die beiden Schnurteile auf dem Dreieck parallel zu den Seiten $\overline{AB}$ und $\overline{BC}$ verlaufen, so daß, wenn der Kranz auf der einen oder anderen Seite herabgezogen wird, die Kugeln auf den Geraden $\overline{AB}$ und $\overline{BC}$ rollen können.

Daran schließt sich der „Beweis" an:

Wenn das staltwicht[1]) der vier Kugeln D, R, Q, P nicht gleich wäre dem staltwicht der zwei Kugeln E, F, so ... würde die Seite mit den acht Kugeln
D, R, Q, P, O, N, M, L schwerer sein als die Seite mit den sechs Kugeln E, F,
G, H, I, K. Weil aber das Schwerere immer über das Leichtere überwiegt,
werden sich die acht Kugeln abwärts bewegen, die sechs dagegen aufwärts. Es
möge dies zutreffen, und D soll sich dorthin bewegt haben, wo jetzt O ist.
Dann werden E, F, G, H dort sein, wo jetzt gerade P, Q, R, D sind und I, K,
wo jetzt E, F. Aber wenn dies so wäre, beständen beim Kugelkranz die gleichen Verhältnisse wie vorher, und die acht Kugeln auf der linken Seite hätten
wieder ein größeres staltwicht als die sechs Kugeln auf der rechten Seite. Infol-
gedessen würden sich die acht Kugeln abwärts bewegen, die anderen sechs
empor bewegen. Dieses Absteigen auf der einen und Aufsteigen auf der anderen Seite würde für immer andauern, weil der Zustand stets der gleiche ist, und
die Kugeln würden selbständig eine ewige Bewegung ausführen, was absurd
[„valsch"] ist.
Der Kranzteil D, R, Q, P, O, N, M, L hat daher das gleiche staltwicht wie der
Teil E, F, G, H, I, K. Aber wenn von solchen gleichen staltwichten gleiche
Gewichte abgezogen werden, müssen auch die Reste gleiches staltwicht haben.
Laßt uns daher vom ersten Kranzteil die vier Kugeln O, N, M, L und vom
zweiten Teil die vier Kugeln G, H, I, K wegnehmen (welche gleich O, N, M,
L sind), dann werden die verbleibenden Kugeln D, R, Q, P und E, F das
gleiche staltwicht besitzen. [21a, S. 177ff.]

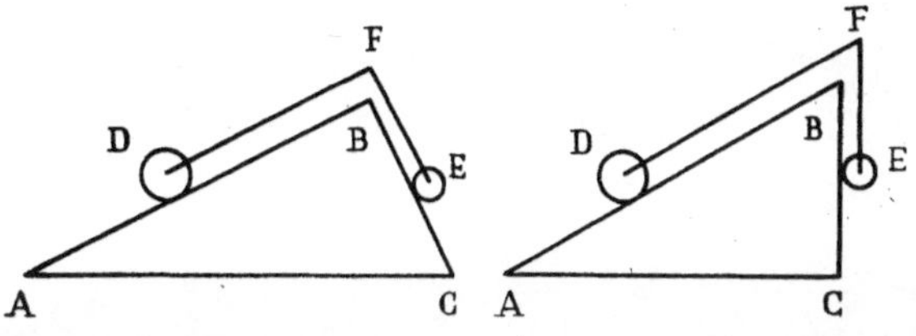

6 Zum Gleichgewicht zweier Körper auf geneigten Ebenen. Statt E und D
lies E' und D' [7]

Nach Stevin lassen sich die Kugeln E, F zu einer Kugel E' ver-
einigen, die Kugeln D, R, Q, P zu einer Kugel D' (Zur Unter-
scheidung von den Kugeln E und D des Kugelkranzes wird hier —
abweichend von Stevin — E' und D' geschrieben.). Da alle Kugeln

---

[1]) Der von Stevin benutzte Begriff „staltwicht" wurde von ihm nicht defi-
niert. Allgemein ist darunter die Komponente einer Kraft in einem speziellen
Fall zu verstehen; an der geneigten Ebene z. B. die Hangabtriebskraft. Wegen
der unterschiedlichen Bedeutung von „staltwicht" wird der holländische
Terminus im folgenden beibehalten.

des Kugelkranzes das gleiche Gewicht haben, verhalten sich die Gewichte der Kugeln D' und E' wie 2 : 1.

Entsprechend den Voraussetzungen gilt aber auch, daß sich $\overline{AB}$ (auf der sich D' befindet) zu $\overline{BC}$ (mit E') wie 2 : 1 verhält. Daraus folgt in heutiger Schreibweise — Stevin benutzt noch die Wortdarstellung — die Gleichgewichtsbedingung für geneigte Ebenen:

$$G_{D'} : G_{E'} = \overline{AB} : \overline{BC} \,.$$

Der „Kugelkranzbeweis", der selbstverständlich ein Gedankenversuch ist, stellt eine großartige Leistung des Niederländers dar, dessen Bedeutung dieser selbst sehr hoch einschätzte und worauf

7 Titelseite von Stevins „Grundlagen der Wägekunst" [7]

er mit Recht sehr stolz war. Das zeigt sich nicht nur darin, daß sich auf vielen Titelblättern seiner Schriften (Abb. 7) eine Vignette des „clootscrans" (Kugelkranz) mit der Umschrift „Wonder en is gheen wonder" (Ein Wunder, und es ist doch kein Wunder) befindet, sondern daß auch sein Briefsiegel (siehe Abb. 22) und von ihm angefertigte Geräte dieses Symbol tragen.

Stevins Beweisführung ist deshalb so bemerkenswert, weil er bei seinen Lesern nichts voraussetzt und seine Folgerungen logisch überzeugend sind. Aus heutiger Sicht muß man gegen seine Argumentation allerdings einen schwerwiegenden Einwand erheben: die von ihm postulierte Unmöglichkeit einer dauernden Bewegung ohne erneuten Antrieb. In einer widerstandsfreien Punktmechanik ist eine solche Bewegung durchaus nicht ausgeschlossen. Aber von derartigen Gedankengängen ist Stevin natürlich noch weit entfernt. Er ist ein Mann der praktischen Mechanik, ein versierter Techniker, der weiß, daß eine dauernde, „von selbst in Gang bleibende Bewegung" noch nie beobachtet wurde und daher nach seiner Meinung unmöglich ist.

Die an der geneigten Ebene gewonnenen Erkenntnisse benutzt Stevin nunmehr, um eine Gleichgewichtsbedingung zu finden, wenn mehrere Kräfte in beliebiger Richtung auf einen Körper wirken. Die Kugel D' wird durch einen prismatischen Körper mit dem Gewicht M ersetzt, die Kugel E' durch einen Körper mit dem Gewicht E (Abb. 8). Aus der Zeichnung ergeben sich wichtige Aussagen.

Die Dreiecke DLI und ABC sind ähnlich, entsprechend einer einfachen geometrischen Regel. Daher gilt

$$\overline{AB} : \overline{BC} = \overline{LD} : \overline{DI} = M : E \,.$$

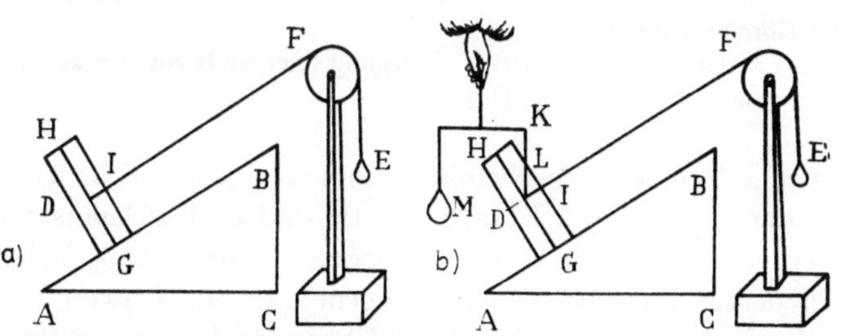

8a Der Körper D wird durch das Gewicht des Körpers E im Gleichgewicht gehalten [7]

8b Erstmalige Darstellung eines Kräftedreiecks [7]

Wegen dieser Proportionalität wird demnach der Betrag des Gewichts des Prismas durch die Strecke $\overline{LD}$ dargestellt und der Betrag der Hangabtriebskraft durch die Strecke $\overline{DI}$. Der Strecke $\overline{LI}$ entspricht die rechtwinklig zu $\overline{AB}$ wirkende Normalkraft. Diese drei Kräfte bilden ein Kräftedreieck, mit dem sich Gleichgewichtsverhältnisse in der Statik besonders einfach wiedergeben lassen. Im Vergleich zur heutigen Darstellung fehlen nur die Richtungsangaben der wirkenden Kräfte.

Daß Stevin tatsächlich schon klare Vorstellungen über Kräftedreieck und Kräfteparallelogramm besitzt, die damit zum ersten Mal in der Mechanik verwendet werden, zeigen spätere Ergänzungen zur „Weeghconst", die in [14] enthalten sind. In diesem „Byvough der Weeghconst" (Ergänzungen zur Statik) kommt Stevin zu einer fast der heutigen Form entsprechenden Darstellung des Kräftedreiecks, bzw. Kräfteparallelogramms (Abb. 9).

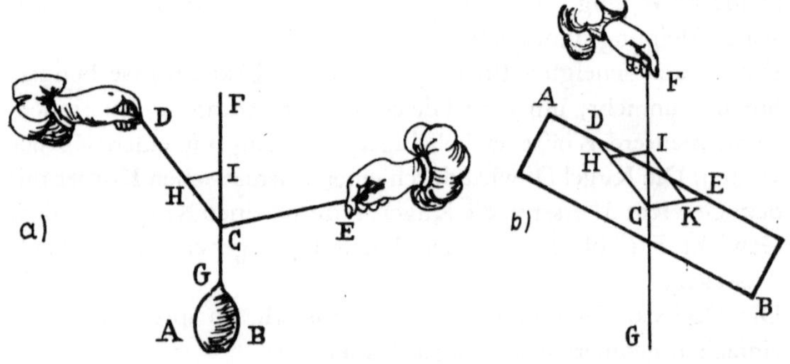

9a Kräftedreieck. Die Strecken $\overline{HC}$ und $\overline{HI}$ entsprechen den Beträgen der bei D und E wirkenden Kräfte, die Strecke $\overline{CI}$ entspricht dem Betrag des Gewichtes des Körpers AB [14]

9b Kräfteparallelogramm bei Stevin. Zerlegung einer Kraft vom Betrag $\overline{CI}$ in die Komponenten $\overline{CH}$ und $\overline{CK}$ [14]

Der zweite Teil der „Weeghconst" bringt wenig, was nicht schon aus anderen Arbeiten bekannt wäre. Es sind in der Hauptsache Betrachtungen zum Schwerpunkt ebener Figuren, wobei aber Stevin darauf hinweist, daß man eigentlich vom Schwerpunkt einer Fläche überhaupt nicht sprechen kann, da diese wegen ihrer Zweidimensionalität gar keine Schwere besitzt. Bemerkenswert ist bei den Schwerpunktbestimmungen, daß Stevin erste Schritte

46

in Richtung auf Grenzwerte unternimmt, wie Abb. 10 zeigt. Seine Betrachtungen münden kurz gesagt darin, daß man die Breite der in das Dreieck einzuzeichnenden Rechtecke immer mehr verringert und deren Zahl damit unendlich groß macht [21 a, S. 230 f.].

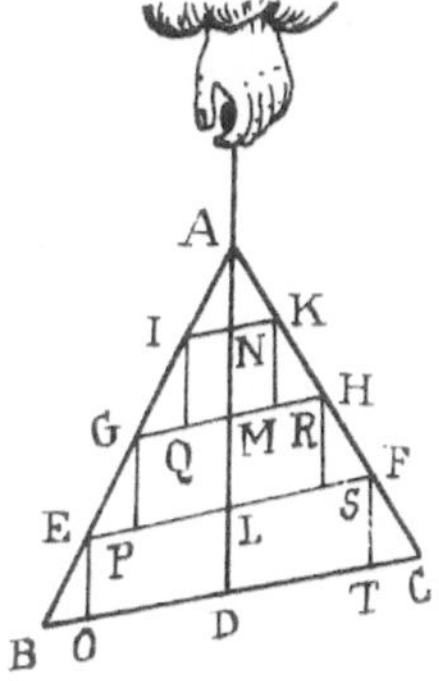

10 Bestimmen des Schwerpunktes eines Dreiecks [7]

11 Beispiel Stevins zum ungleicharmigen Hebel. Zu bestimmen ist die zum Gleichgewicht notwendige Kraft, die bei *H* angreift [8]

Im Vorwort zum praktischen Teil der Statik, „De Weeghdaet", weist Stevin den Leser darauf hin, daß es nutzlose Mühe ist, theoretische Grundlagen zu entwickeln, wenn sie letztlich nicht auf die Praxis gerichtet sind (vgl. hierzu auch das letzte Kapitel).

12 Zerlegen einer Kraft (Gewicht eines Körpers) in zwei parallele Komponenten [8]

Die von Stevin behandelten Beispiele gehören verschiedenen Bereichen an. Er zeigt zunächst, wie man in der auch heute noch üblichen Weise (Aufhängen eines Körpers an verschiedenen Punkten, Festlegen von Schwerelinien und deren Schnittpunkten, Unterstützen eines Körpers usw.) Schwereflächen und Schwerpunkte von Körpern bestimmt. Dann werden Balken- und Schnellwaage hinsichtlich der Lage des Schwerpunktes und Drehpunktes genauer untersucht. Durchgerechnete Beispiele behandeln die Anwendung des Hebels zum Heben von Lasten, etwa wie ein Boot über einen Damm gehoben werden kann oder wie man eine Last von 2000 Pfund mit einem ungleicharmigen Hebel bewegen kann. Um auch hier einen Einblick in Stevins Darstellung zu geben, das folgende Beispiel.

Zunächst wurde die Aufgabe gelöst, welche Kraft zum Festhalten einer Lanze erforderlich ist, deren Schaft sich zur Spitze hin verjüngt und auf der Schulter getragen wird. Dann fährt Stevin fort:

48

Wenn der Mann A [Abb. 11] ein plündernder Soldat ist, mit einem gestohlenen Hahn I, der bei K hängt und drei Pfund wiegt, und zwar so, daß die Strecke KG dreimal so groß wie GH ist, so ist evident, daß die Beute seine Hand mit 9 Pfund belastet ... [21a, S. 328]

Breiten Raum nehmen Beispiele ein, bei denen eine gegebene Kraft in parallele oder nichtparallele Komponenten zerlegt werden soll, z. B. das Tragen einer Last (Abb. 12), Bewegungen von Körpern auf geneigten Ebenen oder Beispiele zum Wellrad (Abb. 13).

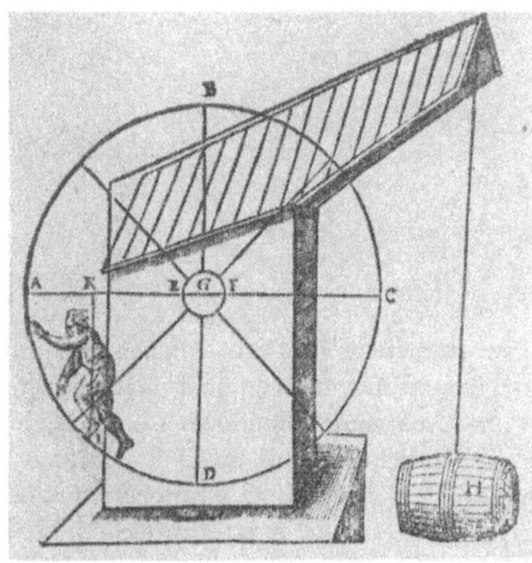

13 Durch das Gewicht eines Menschen angetriebene Tretmühle zum Heben von Lasten. Anwendung des Wellrades [8]

Abschließend befaßt sich Stevin mit der Konstruktion und den Möglichkeiten eines von ihm als „almachtich" (das „Allmächtige") bezeichneten Gerätes, das noch viel besser für die Bewegung schwerer Körper geeignet sei, als etwa die Vorrichtung, mit der seinerzeit Archimedes ein Schiff von Land ins Wasser gebracht habe (gemeint ist ein Flaschenzug). Man könne damit sogar theoretisch, aber nicht wirklich (man beachte den Praktiker Stevin!) unendlich große Kräfte ausüben (daher die Bezeichnung das „Allmächtige"). Stevins ausführliche Beschreibung zeigt, daß es sich beim „allmachtich" um eine Winde mit eisernen Zahnrädern und unterschiedlichen Übersetzungen handelt, wobei die Antriebskurbel an verschiedenen Stellen aufgesteckt werden kann (Abb. 14). Als Beispiel wird das Slippen — kiellose Schiffe wurden bei Niveauunterschieden zwischen Wasserwegen auf einer geneig-

14 Stevins „allmachtich" [8]

ten Ebene hinaufgezogen oder herabgelassen — behandelt, mit ausführlichen Betrachtungen und Rechnungen über die Beziehungen zwischen Kurbel- und Achsenumdrehungen der einzelnen Zahnräder, über die an der Kurbel und auf das Schiff wirkenden Kräfte usw. Selbst die Zahl der Kurbelumdrehungen, um das Schiff über den Damm zu ziehen, und die dazu erforderliche Zeit werden erörtert.

Der Versuchung, durch Beispiele mit großen Zahlen, wie das damals üblich war, bei den Lesern nachhaltigen Eindruck zu hinterlassen, kann sich auch Stevin nicht entziehen. So berechnet er, um welche Strecke sich die Erde verschieben läßt, wenn ein entsprechendes „allmachtich" (und ein fester Standpunkt außerhalb der Erde) zur Verfügung steht. Er findet $\dfrac{1}{24 \cdot 10^{14}}$ Fuß (bei ihm als Bruch ausgeschrieben!), wenn man die Kurbel 10 Jahre lang mit 4000 U/min dreht.

„Ein Pfund Wasser hat dieselbe Wirkung wie 100 000 Pfund Wasser"

Der dritte Teil von Stevins mechanischen Arbeiten umfaßt die Hydrostatik. Geplant waren anscheinend wieder ein mehr theoretischer und ein mehr praktischer Teil. Während „De Beghinselen des Waterwichts" (etwa „Grundlagen der Hydrostatik) [7] in sich abgeschlossen sind, umfaßt der Anwendungsteil, von Stevin selbst als „Anvang der Waterwichtdaet" (Anfang der praktischen Hydrostatik) bezeichnet, nur acht Seiten.

Die Lehre von den Gesetzmäßigkeiten ruhender Flüssigkeiten wurde im 3. Jh. v. u. Z. durch Archimedes begründet. Seitdem war es zu keinerlei Fortschritten auf diesem Gebiet gekommen, die Erkenntnisse des Griechen gerieten sogar nahezu in Vergessenheit. Stevin griff als erster diese Thematik wieder auf, und man muß ihn als denjenigen bezeichnen, dessen Arbeiten eine der Grundlagen für die im 18. Jh. erfolgende Systematisierung und Vollendung der Hydrostatik bilden.

Die Widmung des „Waterwichts" ist an die „Staaten der vereenichde Neerlanden" gerichtet. Darin verweist Stevin auf die große Bedeutung der in seinem Buch enthaltenen Gesetzmäßigkeiten für ein Land hin, das in so großem Umfange vom Wasser beeinflußt und geprägt wird. Es sei daher unumgänglich, diese Gesetze zu kennen und anzuwenden.

Darstellung und Stil des „Waterwichts" entsprechen den übrigen Lehrbüchern Stevins. Er stützt sich zwar auf Archimedes' Schrift „Über schwimmende Körper", wählt aber eine vollkommen abweichende Reihenfolge und Beweisführung. Der Grund dafür lag nicht zuletzt darin, daß die Herleitungen und Ableitungen bei Archimedes den Lesern zum Teil unverständlich waren. Das galt nicht nur für die sehr schwierigen Untersuchungen zur Stabilität schwimmender Körper, sondern selbst für das nach ihm benannte Auftriebsgesetz. Es steht bei Stevin auch nicht am Anfang, sondern erscheint erst als Proposition (Lehrsatz) 8.

Er beginnt mit einem Lehrsatz, der wieder von der Unmöglichkeit einer von selbst in Gang bleibenden „ewigen Bewegung" ausgeht, der Proposition 1: „Eine bestimmte Wassermenge A bleibt in Wasser an der Stelle, an die man sie bringt." [21 a, S. 400] Wenn das nicht der Fall wäre, die Wassermenge A etwa herabsinken möge, so würde eine andere, gleichgroße Wassermenge an diese Stelle treten. Damit besteht aber der gleiche Zustand wie anfangs, d. h., auch die neue Wassermenge würde herabsinken usw., so daß eine ewige Bewegung entsteht, was absurd sei.

Daran anschließend behandelt Stevin das Schwimmen, das Herabsinken und das Schweben von Körpern, wobei er im Prinzip die Dichte der Körper (er verwendet die Ausdrücke „stofflich leichter", „stofflich schwerer" und „stofflich gleichschwer") in Beziehung zur Dichte des Wassers setzt. Aus den Angaben der sehr geringen Dichteunterschiede des Rheinwassers bei Leiden und des Meereswassers vor Katwijk, die sich wie 42 zu 43 verhalten, kann man schließen, daß Stevin auch experimentelle Untersuchungen durchführte.

Das Archimedische Gesetz leitet Stevin wieder in einer sehr originellen Weise her, die dadurch gekennzeichnet ist, daß — wie schon beim Kugelkranz — beim Leser keinerlei Vorkenntnisse erwartet werden:

In einem wassergefüllten Gefäß wird eine abgegrenzte Wassermenge D betrachtet. Sie befindet sich laut Proposition 1 mit der Umgebung im Gleichgewicht. Die Oberfläche von D denke man sich als „vlackvat". Darunter soll die geometrische Oberfläche eines Körpers verstanden werden, die als keinen Raum einnehmende, gewichtslose Umhüllung aufzufassen ist. Entfernt man das Wasser aus dem „vlackvat", so hat dieses jetzt eine „Leichtigkeit", d. h. erfährt eine Gewichtsverminderung, die gleich dem Gewicht des Wassers ist, das sich vorher darin befand. An diese Stelle wird ein genau passender Körper A gebracht.

Dann wird das vlackvat mit dem Körper A darin so viel wiegen, wie das . . . Gewicht von A [in Luft — R. G.], vermindert um das Gewicht des Wassers, das aus ihm ausgegossen wurde . . . Deshalb ist A, wenn man ihn in das Wasser . . . bringt, dort um so viel leichter als in Luft, wie das Gewicht des Wassers beträgt, welches das gleiche Volumen besitzt. [21 a, S. 408 ff.]

Im Gegensatz zu den meisten Scholastikern, vor allem des Mittelalters, die Beobachtungen oder gar Experimente nicht nur für höchst überflüssig, sondern für vollkommen nutzlos hielten und die Deutung und Erklärung überlieferter Schriften als einziges

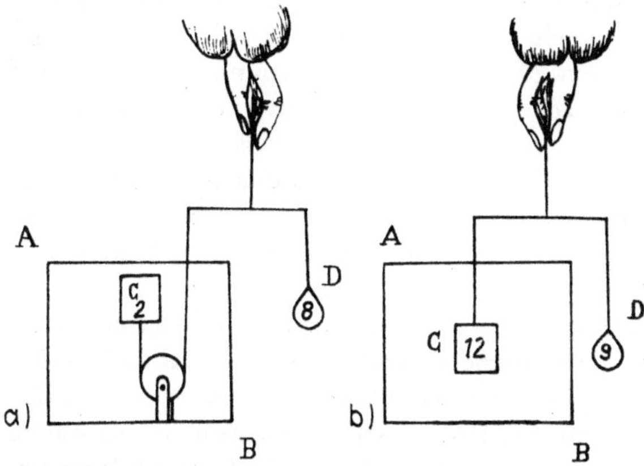

15 Experimente zum Archimedischen Gesetz [9]
a) Der eingetauchte Körper hat eine kleinere Dichte als Wasser
b) Der eingetauchte Körper hat eine größere Dichte als Wasser

Mittel der Erkenntnisfindung ansahen, beschreibt Stevin im Anschluß zwei Versuche (Abb. 15), um die Ergebnisse seiner Betrachtungen „opentlicker te verclaren" (offensichtlicher darzulegen) [21 a, S. 412].

Stevins bedeutendste Entdeckung auf dem Gebiete der Hydrostatik, das *hydrostatische Paradoxon*, ist in der Proposition 10 enthalten:

Auf jeder Bodenfläche im Wasser, die parallel zum Horizont ist, lastet ein Gewicht, das gleich ist der Schwere einer Wassermenge mit dem Volumen eines Prismas, dessen Basis gleich dieser Bodenfläche und dessen Höhe die Vertikale von der Wasseroberfläche zur Basis ist. [21 a, S. 414]

Kürzer: Auf der Bodenfläche EF lastet ein Gewicht, das gleich dem Gewicht der Wassersäule $GHEF$ ist (Abb. 16). Dieser Satz ist selbst einem Laien einleuchtend. Aber Stevins Lehrsatz enthält keine Aussagen über die Form des Gefäßes und die Menge

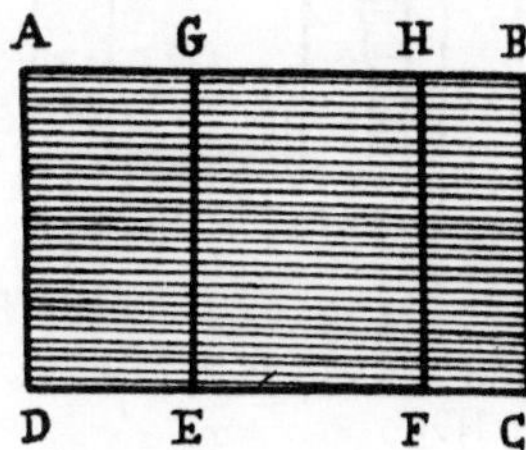

16 Zur Herleitung des hydrostatischen Paradoxons [9]

des darin befindlichen Wassers. Proposition 10 muß also auch gelten, wenn – um ein modernes Beispiel zu wählen – die Kräfte auf eine Fläche von 20 cm² in einem Schwimmbecken und auf eine gleichgroße Fläche in einem Waschkessel verglichen werden, vorausgesetzt, der Niveauunterschied zwischen betrachteter Fläche und Wasseroberfläche ist gleich. Und diese Aussage dürfte durchaus nicht jedem einleuchten. Stevin versucht deshalb Proposition 10 zunächst mit folgenden Überlegungen zu beweisen:

Sollte auf die Bodenfläche EF (in Abb. 16) eine größere Kraft wirken als das Gewicht der Wassersäule $EFGH$, so kann das nur von den beiden angrenzenden Wassersäulen $DEAG$ und $FGHB$ herrühren. Wirken auf DE und FC größere Kräfte, als den Gewichten der entsprechenden Wassersäulen entspricht, so müßte deren Ursache das Gewicht von $EFGH$ sein. Daraus folgt dann, daß die Kraft auf die gesamte Bodenfläche $DEFC$ größer wäre als das Gewicht der Wassersäule $ABCD$, „...t' welck ... ongheschickt waer" (was keinen Sinn hätte) [21 a, S. 414].
Diese Erkenntnisse gilt es nun auf wassergefüllte Gefäße von beliebiger Form zu übertragen, wobei Stevin stufenweise vorgeht: Nach Bild 17 befinden sich in $ABCD$ Wasser und ein fester Körper von gleicher Dichte wie das Wasser (das schraffiert dargestellt ist). Ohne Begründung, sie ist auch nicht nötig, da laut Voraussetzung die Dichte des festen Körper und des Wasser gleich sind, wird von Stevin festgestellt, daß der feste Körper die Bodenfläche EF nicht stärker belastet, als das zuvor das Wasser tat. In Übereinstimmung mit der Proposition 10 lasse sich deshalb sagen, daß gegen die Fläche EF eine Kraft wirkt, die gleich dem Gewicht des Wassers ist, welches das Volumen eines Prismas mit der Grundfläche EF und der Höhe der Vertikalen von dieser Grundfläche bis zur Flüssigkeitsoberfläche hat.

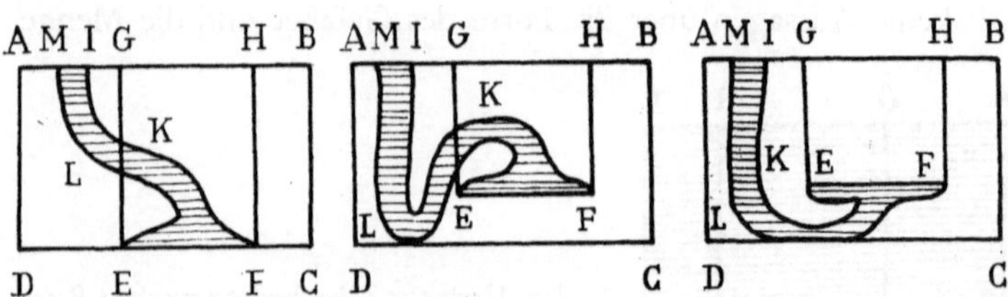

17 Hydrostatisches Paradoxon: Die auf die Fläche EF wirkende Kraft ist stets gleich dem Gewicht einer Wassermenge $EFHG$ [9]

An diesen Überlegungen ändert sich nach Stevin auch nichts, wenn man die schraffierten Teile in Abb. 17 allein als wassergefüllte Gefäße betrachtet.

Offensichtlich ist sich Stevin bewußt, daß dem Leser das alles paradox erscheint, denn in der „Waterwichtdaet" schreibt er:

Wir haben in der 10. Proposition . . . bewiesen, daß die Bodenfläche im Wasser durch eine größere Wassermenge keine größere Kraftwirkung erfährt als durch eine kleinere (die Höhen sollen dieselben sein) . . . Aber weil manche Leute das widersinnig finden, wollen wir zusätzlich zu dem vorhergehenden mathematischen Beweis . . . fünf praktische Beispiele beschreiben, welche jedermann versuchen und sich augenscheinlich machen kann. [21a, S. 486]

Die Experimente werden also als solche gekennzeichnet und sind in der angegebenen Form durchführbar. Es ist selten, daß zu dieser Zeit Experimente als zusätzliche Beweise für Erkenntnisse genannt werden, die durch „logische Herleitung" gefunden wurden. In dieser Hinsicht ist Stevin bereits der folgenden Periode der naturwissenschaftlichen Entwicklung zuzurechnen.

Einer der Stevinschen Versuche ist die Beschreibung einer viel später durch Pascal 1660 eingeführten Anordnung, die noch heute im Schulunterricht benutzt wird. Für diese „Pascalsche Waage" gebührt Stevin unbedingt die Priorität. Der Niederländer beschreibt die Versuchsanordnung folgendermaßen:

ABCD sei ein wassergefülltes Gefäß, in dessen Boden *CD* sich ein rundes Loch *EF* befindet, das durch eine runde Holzscheibe *GH* abgedeckt ist (Abb. 18). *IKL* soll ein anderes wassergefülltes Gefäß von gleicher Höhe sein mit dem Loch *MN* und der Scheibe *OP* mit gleichen Abmessungen wie beim anderen Ge-

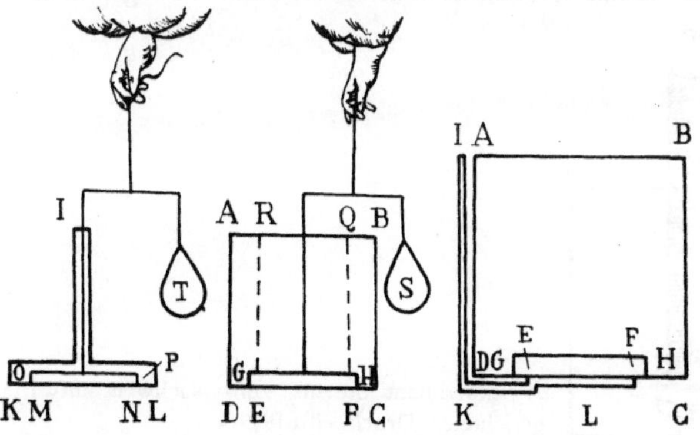

18 Experimente Stevins zum hydrostatischen Paradoxon [9]

fäß. Wie man beobachten kann, steigt die Scheibe GH, im Widerspruch zum sonstigen Verhalten von Holz in Wasser, nicht empor. Denn auf GH wird die gleiche Kraft ausgeübt, wie das Gewicht einer Wassermenge vom Volumen des Prismas $EFQR$ abzüglich dem Auftrieb der Scheibe. Um das nachzuweisen, kann die Scheibe GH an einer Waage befestigt werden. Der Körper S hat die gleiche Schwere wie das Gewicht der Wassersäule, vermindert um den Auftrieb der Scheibe. In gleicher Weise kann OP an der Waage befestigt werden. Der Körper T soll die gleiche Schwere wie S haben, und es wird wiederum Gleichgewicht bestehen [21a, S. 492]. In einem anderen Versuch ist bereits das Prinzip hydraulischer Heber oder Pressen enthalten (Abb. 18). GH ist eine hölzerne Scheibe. Wenn die Röhre IK bis zum gleichen Niveau wie $ABCD$ mit Wasser gefüllt wird, übt diese kleinere Wassermenge die gleiche „ghewelt" (Gewalt) auf die Scheibe aus wie die große Wassermenge in $ABCD$. Auf diese Weise ist 1 Pfund Wasser, mit dem man IKL füllt, imstande, eine größere Gewalt gegen die Scheibe GH auszuüben, als dies beispielsweise eine Wassersäule über der Scheibe GH von 100 000 Pfund macht, „. . . was man eines der Geheimnisse der Natur nennen möchte, wenn die Ursachen unbekannt wären." [21a, S. 494].

Als experimentellen Nachweis für aufwärts gerichtete Wirkungen beschreibt Stevin einen weiteren, noch heute oft gezeigten Versuch (Abb. 19). Eine Bleischeibe wird mit der Hand gegen die Unterseite einer beiderseits offenen Röhre gedrückt und diese Anordnung in Wasser eingetaucht. Gibt man die Scheibe frei — Stevin weist darauf hin, daß sie dicht an der Röhre anliegen muß —

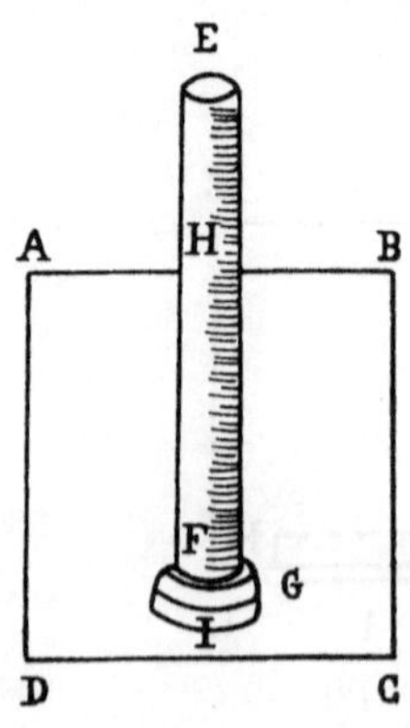

19 Experiment Stevins zum Nachweis aufwärts gerichteter Druckkräfte [9]

so fällt sie zunächst nicht ab. Das geschieht erst, wenn in die Röhre
Wasser eingegossen wird und diese fast bis zur Höhe *H* gefüllt ist.
In „De Beghinselen des Waterwichts" befaßt sich Stevin auch
mit den Kraftwirkungen, die durch das Gewicht einer Flüssigkeit
gegen senkrechte und schräge Gefäßwände ausgeübt werden. Es
ist bemerkenswert, daß er z. B. im Sonderfall einer senkrechten
Gefäßwand die auf diese wirkende Gesamtkraft und deren An-
griffspunkt richtig bestimmt (Abb. 20). Falls *ACDE* beweglich

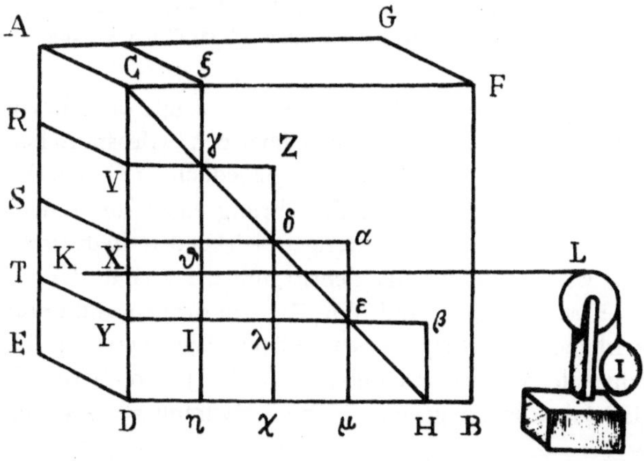

20 Bestimmen der gegen die Seitenfläche eines wassergefüllten Gefäßes wirkenden Kraft und deren Angriffspunktes [9]

wäre, so kann die darauf wirkende „Gewalt des Wassers" durch
eine in *K* angreifende Kraft *I* im Gleichgewicht gehalten werden.
I entspricht nach Stevin dem Gewicht eines Wasserprismas
ACHDE, und *K* teilt *AE* im Verhältnis 2 : 1. Bei seinem Beweis
macht er wiederum erste Schritte in Richtung auf eine infinitesimale
Behandlung (vgl. S. 47) und spricht auch schon aus, daß sich
die von einer Flüssigkeitsschicht auf Grund ihres Gewichts aus-
geübte Kraft nach unten in gleicher Größe ausbreitet.
Daß auch die auf vertikale Flächen ausgeübten Kräfte nur von
der Höhe der Flüssigkeitssäule abhängen, wird von ihm am praktischen Beispiel veranschaulicht: Die von beiden Seiten gegen ein
Schleusentor wirkenden Kräfte sind gleich, selbst wenn auf der
einen Seite nur Wasser von „strohbreet" (Breite eines Strohhalms)
wirkt, auf der anderen von der „Breite des Ozeans", vorausgesetzt, das Flüssigkeitsniveau ist auf beiden Seiten gleich.

Wenden wir uns abschließend einem damals viel diskutierten Problem zu, der Frage, warum ein Mensch, der sich tief unter der Wasseroberfläche befindet, durch das Gewicht des auf ihm lastenden Wassers nicht zu Tode gequetscht wird, dem sogenannten „Taucherproblem". Auch Stevin befaßte sich damit. Zunächst zeigt er, daß die auf einen Taucher wirkenden Kräfte in der Tat sehr groß sind:

Ein Mensch liege 20 Fuß tief im Wasser, jeder Kubikfuß Wasser wiegt 65 Pfund, und die gesamte Fläche seines Körpers soll 10 Quadratfuß sein. Dann wird gegen seinen Körper eine Kraft von über 13000 Pfund wirken ... [21 a, S. 498]

Diese richtige Berechnung der Druckkraft zeigt, daß Stevin intuitiv bereits gewisse Vorstellungen über den hydrostatischen Druck besitzt (vgl. dazu die Fußnote), ohne jedoch zu diesem Begriff vorzudringen. Aber erst die Einführung eines im Innern einer Flüssigkeit nach allen Richtungen wirkenden hydrostatischen Drucks war der notwendige Schritt, um die Vielfalt der hydraulischen Erscheinungen und Vorgänge zu ordnen und unter einem einheitlichen Gesichtspunkt zu erklären. Wie schwierig das war, ist nicht zuletzt daran erkennbar, daß dies Johann Bernoulli erst über 150 Jahre später gelang (seine „Hydraulica" erschien 1742).

Stevin weiß sich daher auch nicht anders zu helfen, als einen Syllogismus zur Lösung des Taucherproblems zu benutzen:

— Irgendeine Wirkung, welche dem Körper schadet, verschiebt irgendeinen Teil des Körpers von seinem naturgegebenen Platz.
— Diese Wirkung des Wassers verschiebt keinen Teil des Körpers von seinem natürlichen Platz[1]).
— Deshalb schadet diese Wirkung des Wassers nicht dem Körper. [21 a, S. 498]

„Logisch" ist das zwar, aber diese Art der Beweisführung zeigt die zeitbedingten Grenzen Stevins.

---

[1]) Der zweite Satz des Syllogismus ergibt sich aus der Erfahrung ... Wenn irgend ein Teil, wie Fleisch, Blut, Flüssigkeit oder sonstwas von seinem natürlichen Platz verschoben wird, muß es an einen anderen Platz. Ein solcher Platz ist weder außerhalb des Körpers vorhanden, da das Wasser *von allen Seiten gleich wirkt* [von mir hervorgehoben — R. G.] ..., noch ist innerhalb des Körpers Platz ..., daher nirgends; demzufolge ist es unmöglich, daß irgendein Teil von seinem natürlichen Platz bewegt wird, und folglich kann der Körper dadurch [durch das Gewicht des Wassers — R. G.] nicht verletzt werden. [21 a, S. 498]

Von Bratspießen, Marschmühlen, Waterschuyring und Segelwagen

Mit der Veröffentlichung der mechanischen Arbeiten endet 1586 für einige Jahre Stevins Publikationstätigkeit, da er sich nunmehr intensiv mit technischen Dingen beschäftigt. Bereits 1584 hatte er ein Patent erhalten, in dem Verbesserungen auf dem Gebiet der Schiffahrt vorgeschlagen werden.[1] Im Jahre 1586 folgten Patente für eine verbesserte „watermolen". So wurden — meist windgetriebene — Schaufelräder bezeichnet, mit denen Wasser in einem Wasserlauf zu stärkerem Fließen gezwungen oder aus einem zu entwässernden Gebiet gefördert werden konnte. Es handelt sich also bei der watermolen nicht um eine vom Wasser angetriebene Wassermühle. Weitere Patente erhielt Stevin 1588 und 1589. Erst in den sechziger Jahren dieses Jahrhunderts fand man im Niederländischen Staatsarchiv darüber Unterlagen mit Zeich-

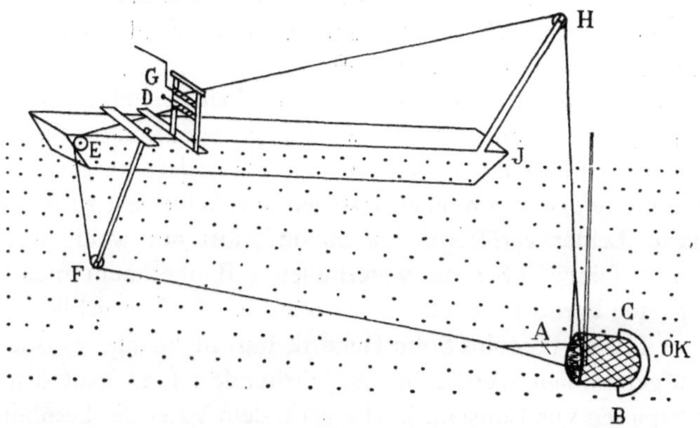

21 Vorschlag Stevins zur Fahrwasservertiefung. Das Sandnetz wird mit Hilfe der Haspel *D* über den Boden gezogen und gefüllt mit der Haspel *G* gehoben. Die Entleerung erfolgt durch Öffnen des Netzbodens *CKE* [21f, S. 21]

---

[1] Patente wurden durch die Provinzstaaten, aber auch durch die Generalstaaten erteilt. Der Patentschutz betrug in der Regel 20 Jahre; Verletzungen der Patente wurden durch Geldbußen in Höhe von 2000 Gulden geahndet, von denen dem Patentinhaber die Hälfte zustand.

nungen und Beschreibungen, die wahrscheinlich von Stevin selbst stammen.

Eine der Stevinschen Erfindungen erscheint heute als bloße Kuriosität. Sie hatte aber in Hinblick auf die damals üblichen Eßgelage tatsächlich praktische Bedeutung: der automatische Antrieb eines Bratspießes. Im Gegensatz zu anderen Lösungen von Zeitgenossen, die eine Art Heißluftturbine, die vom Küchenfeuer angetrieben wurde, vorschlugen, verwendet Stevin als Antrieb ein sich mittels Hemmung langsam senkendes Gewicht, also einen Uhrwerksantrieb. Dadurch sei man imstande, den Spieß drei Stunden zu drehen, ohne daß das Gewicht gehoben werden muß. Soll nicht gebraten werden, so kann man damit eine Räderuhr 12 Stunden antreiben oder eine Kinderwiege eine halbe Stunde oder auch länger schaukeln. Zum Patent gehört auch der Anspruch Stevins, die eisernen Teile mit dem „Kugelkranzsymbol" zu versehen, das gewissermaßen als Warenzeichen verwendet wurde [21f, S. 25].

Sieht man einmal von dieser Erfindung ab, so stehen für den Techniker Stevin zwei Probleme im Vordergrund:
- die Entwässerung von Poldern und Marschland und
- die Beseitigung von Untiefen, Sandbänken und Schlammablagerungen in Häfen und Wasserläufen.

Das waren Aufgaben, die damals zum Arbeitsbereich eines Ingenieurs gehörten (diese Berufsbezeichnung findet sich für Stevin schon in einem Dokument aus dem Jahr 1590), der sich auch mit Flußregulierungen, Dammbau, Kanälen und Schleusen zu befassen hatte. Leider veröffentlichte Stevin selbst nur wenig über technische Dinge; über die watermolen z. B. überhaupt nichts. Aber gerade darüber ist relativ viel Material erhalten geblieben, das zum Teil von Stevins Sohn Hendrik 1667 in ein eigenes Buch [32] aufgenommen wurde. Im 19. Jahrhundert fand man dann unter Papieren von Constantijn Huygens, dem Vater des berühmten Wissenschaftlers Christiaan Huygens, eine von dem Leidener Professor Jacobus Golius 1634 revidierte Fassung einer Arbeit Simon Stevins über watermolen, die 1884 unter dem Titel „Van de Molens" im Druck erschien [20].

Weitere Quellen für Stevins technische Arbeiten sind Archivunterlagen, die sich mit dem Bau und dem Betrieb von ihm konstruierter Mühlen befassen. Dazu gehört ein aus dem Jahre 1586 stammendes Schreiben an den Rat der Stadt Delft [21f, S. 381ff.], in dem der (unbekannte) Verfasser auf die Erfindung eines neuartigen Schaufelrades durch Stevin hinweist, das mit Hilfe eines Pferdegöpels oder durch Windkraft angetrieben werden kann und viermal leistungsfähiger sei, als die bis dahin gebräuchlichen. Es solle benutzt werden, um das Wasser in den Grachten (den Kanälen vieler holländischer Städte) zum schnelleren Fließen zu bringen. Das war deshalb von Bedeutung, weil in die Grachten auch Unrat und Abfall geschüttet wurde. Sollte der Rat von Delft nicht glauben, daß die zugesagte Leistung erreicht wird, so sei der besagte Stevin bereit, auf eigene Kosten und eigenes Risiko den Bau auszuführen und den Nachweis zu erbringen.

Wie aus anderen Unterlagen hervorgeht, wurde eine watermolen dieser Art am „duyvelsgat" (Teufelsloch) in Delft tatsächlich gebaut. Die Bezahlung erfolgte 1588 an Simon Stevin und Johan Cornets de Groot, einem engen Freund Stevins, seit 1589 Ratsherr und Schöffe und von 1591 bis 1595 einer der Bürgermeister von Delft. Stevin und de Groot waren 1588 übereingekommen, die Rechte aus den Stevinschen Patenten über watermolen gemeinsam zu verwerten, wobei de Groot sicherlich die kaufmännischen Belange vertrat.

Wie aus einem Attest der Stadt Delft von 1590 hervorgeht, in dem Stevin als Mathematiker, in Leiden wohnend, bezeichnet wird, hat die Mühle am Teufelsloch gut gearbeitet, dreimal mehr Wasser bewegt als die alte, so daß 1590 durch Stevin eine weitere Mühle in Delft errichtet wurde. Es sei eine Strömung wie bei einem ständig fließenden Gewässer entstanden [21f, S. 387].

Seit 1589 hatten sich Stevin und de Groot dem lukrativeren Bau von Marschmühlen zugewandt. Als Marsch bezeichnet man das fruchtbare Schlickland an Meeresküsten oder in Flußmündungen; eingedeicht heißt es Polder. Polder und andere tiefgelegene Gebiete mußten ständig entwässert werden. Am Ende des 16. Jahrhunderts hatten die dazu verwendeten windgetriebenen watermolen, die es schon seit der Mitte des 15. Jahrhunderts gab, von Menschen angetriebene Treträder (Abb. 13) und Pferdegöpel weitgehend verdrängt. Die bei Marschmühlen verwendeten Schaufelräder besaßen 16 bis 24 radial angeordnete Schaufeln, mit deren Hilfe das Wasser um 1,20 m bis 1,80 m in einen Abflußgraben gehoben werden konnte. Der Antrieb erfolgte durch —

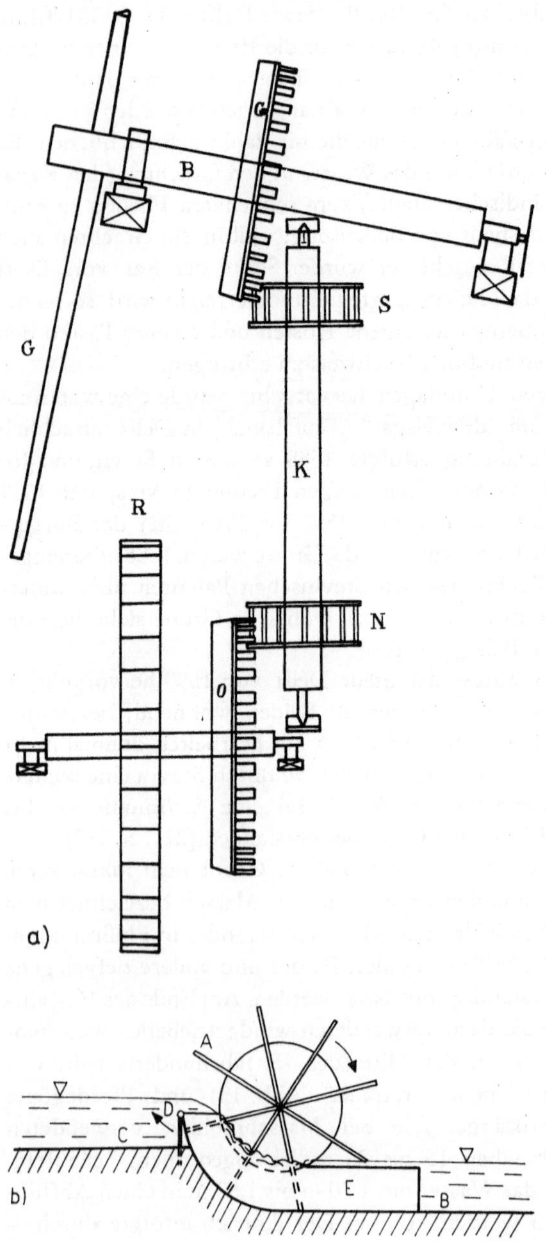

B
G
S
K
R
N
O
a)
A
D
C
E
B
b)

entsprechend der Windrichtung drehbare – Windräder, während die Schaufelräder ortsfest waren.

Stevins Veränderungen an der watermolen betrafen den Übertragungsmechanismus von der Flügelwelle auf das Schaufelrad und das Schaufelrad selbst. Hier hatte die watermolen ihre Schwachpunkte. Da sich die (hölzernen) Knaggen (Holzstifte) der Kammräder, bzw. Stäbe der Stockgetriebe (Abb. 22) schnell abnutzten, enthielten die Bauverträge stets die Verpflichtung zur kostenlosen Instandhaltung dieser Teile durch den Mühlenbauer für eine Zeitdauer von drei Jahren. Stevin erkannte, daß der Verschleiß vor allem darauf zurückzuführen ist, daß die Knaggen nur mit den Kanten und nicht mit den Breitseiten gegen die Stäbe des Stockgetriebes drücken. Er versuchte dadurch Abhilfe zu schaffen, daß er vorschlug, die Stockgetriebe konisch zu machen und einen optimalen Winkel zwischen den Übertragungsteilen zu ermitteln.

Viel wesentlicher sind Stevins Veränderungen am Schaufelrad. Bis dahin waren die Wasserräder ausgesprochene „Schnelläufer" gewesen, so daß durch Turbulenzen und Vibrationen des gesamten Mechanismus Energieverluste auftraten. Obwohl Stevin den Begriff Energie noch nicht kannte, scheint er intuitiv diese Mängel erkannt zu haben. Er ließ deshalb das Wasserrad langsamer rotieren, vergrößerte den Durchmesser von rd. 4 m auf 7 m und verbreiterte die Schaufeln von etwa 40 cm auf 1 m. Die Zahl der Schaufeln wurde verringert, ihre Eintauchtiefe um rd. 60 cm vergrößert. Daß Stevin in der Vergrößerung des Wasserrades einen Kernpunkt seiner Verbesserungen sah, zeigt sich darin, daß sein Patentanspruch anderen verbot, Wasserräder zu bauen, die größer als 50 % der bis dahin verwendeten sind. Beim Langsamlauf floß aber ziemlich viel Wasser an den Schaufeln vorbei wieder zurück, deshalb brachte Stevin an den Schaufeln überstehende, gefettete Lederstreifen an.

---

22 Schema einer windgetriebenen Entwässerungsmühle (Ende des 16. Jahrhunderts)
a) Hauptteile des Mühlenmechanismus: *G* Flügel des Windrades, *B* Flügelwelle, *C*, *O* Kammräder, *S*, *N* Stockgetriebe, *K* Königswelle, *R* Schaufelrad [nach 21 f, S. 315]
b) Schaufelrad und Wasserlauf: *A* Schaufeln, *B* Unterwasser, *C* Oberwasser, *D* Wassertor, *E* Brettwände

Damit das Wasserrad langsamer lief, waren andere Übersetzungsverhältnisse erforderlich. Stevin löst das Problem nicht empirisch, sondern versuchte mit Hilfe mechanischer Erkenntnisse eine optimale rechnerische Lösung zu erhalten. Da eine algebraische Schreibweise noch nicht benutzt wurde, ist sein Vorgehen vereinfacht nicht darstellbar.

Nach heutiger Terminologie würde man sagen, daß Stevin das durch den Seitendruck des Wassers auf eine Schaufel verursachte Drehmoment M_1, das durch den Winddruck W auf die Flügel auftretende Moment M_2 und das Übersetzungsverhältnis n des Transmissionsmechanismus zahlenmäßig bestimmte. Für $M_1 = n \cdot M_2$ besteht Gleichgewicht. Auf der Grundlage dieser Überlegungen bestimmte Stevin für sechs watermolen, die nach seinen Angaben gebaut wurden, aus den Abmessungen des Wasserrades, der Schaufeln und der Eintauchtiefe das Moment M_1, aus den Abmessungen der Flügel, dem Winddruck W (hierfür benutzte er Werte aus Berechnungen älterer Mühlen) und anderen Größen das Moment M_2. Damit ist er in der Lage, das Verhältnis n von Wind- und Wasserrad zu berechnen. Schließlich wird aus n und den vorgegebenen Werten für die anderen Übertragungsräder die Anzahl der Knaggen des oberen Kammrades auf der Flügelwelle ermittelt [21f, S. 336ff.].

Die von Stevin entworfenen watermolen wurden von Stevin und de Groot nicht in eigener Regie gebaut, sondern von Mühlenbaumeistern auf der Grundlage der genannten Patente. Aus erhalten gebliebenen Verträgen ist bekannt, daß bereits bei der ersten Ratenzahlung des Auftraggebers eine erhebliche Summe als Lizenzgebühr an Stevin und de Groot gezahlt werden mußte.

Bei einem kaufmännischen Unternehmen, wie es die „Firma" Stevin & de Groot darstellte, blieben natürlich auch Mißhelligkeiten nicht aus. So verweigerte der Auftraggeber einer 1590 in Ijsselstein gebauten Mühle die Zahlung der letzten Rate, da die zugesicherte Förderleistung − wie zwei Mühlen alten Typs zusammengenommen − nicht erreicht werde. Stevin befürchtete, daß sein Ansehen durch solche Behauptungen geschmälert werden könnte, da seiner Meinung nach die Ursachen nicht im Entwurf, sondern in Sabotage, Nachlässigkeiten und schlechter Handhabung zu suchen seien. Er forderte deshalb Atteste über andere von ihm entworfene und gebaute Mühlen an. Eine dieser notariell beglau-

bigten Erklärungen bestätigte, daß die in Stolwijk erbaute watermolen in einer Stunde so viel Wasser gefördert habe, wie eine
alte Mühle in drei Stunden, was man mit einer Sanduhr und genauer
Messung des geförderten Wassers festgestellt habe. Die Streitigkeiten, sie füllen ein ganzes Aktenbündel, dauerten noch bis
1595 an. Es wurden Gutachten abgegeben, die der Auftraggeber
ablehnte, da die Verfasser Anhänger von Herrn Stevin seien und
ihm schmeichelten und Gegengutachten, ohne daß eine Einigung
zustande kam [21f, S. 325ff.]. Wahrscheinlich hatten die Klagen
ihren Grund in Materialproblemen. Unter den Akten fand sich
auch ein Brief Stevins, der als Siegel den „Kugelkranz" zeigt
(Abb. 23).

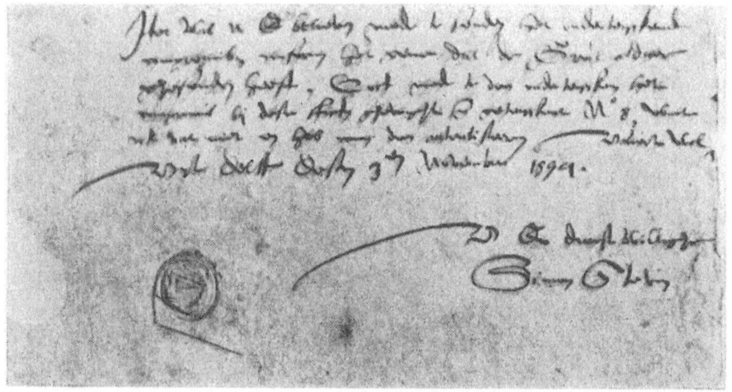

23 Handschreiben Stevins aus dem Jahre 1594. Das Siegel zeigt den Kugelkranz [21f, S. 325]

Einen direkten Einfluß auf die weitere Entwicklung hatten
die Stevinschen Arbeiten zur watermolen nicht. Zunächst standen einer allgemeinen Verwendung die Patente entgegen. Und
später wurden bei Marschmühlen statt der Schaufelräder Pumpen
benutzt.
Das schmälert aber in keiner Weise die Leistung Stevins, der
sich als erster so frühzeitig auf wissenschaftlicher Grundlage mit
einem derartig komplizierten Mechanismus beschäftigte, wie es
die watermolen darstellte. Die Anwendung hydrostatischer und
mechanischer Kenntnisse auf Probleme der Praxis ist eine echte
Pioniertat, die zeigt, wie weit der Niederländer seiner Zeit voraus

war. Es sei in diesem Zusammenhang darauf hingewiesen, daß
eine umfassende wissenschaftlich-technische Untersuchung wind-
getriebener Schöpfräder erst 1759 durch John Smeaton vorge-
nommen wurde.

Der zweite Komplex der ingenieurtechnischen Tätigkeit
Stevins sind die schon erwähnten Maßnahmen zur Beseitigung
von Untiefen und Ablagerungen in Häfen und Schiffahrtswegen.
Eine Möglichkeit beschreibt Stevin in einem Patent aus dem Jahre
1589 (Abb. 21). Für die zum Abtransport des Sands oder Schlamms
benutzten Schuten, das sind flachgängige Lastkähne, schlägt er
vor, sie in drei Sektionen zu unterteilen, von denen nur die
mittlere beladen wird. Die beiden anderen dienen dem Auftrieb
des Schiffes. Das Entladen erfolgt mittels Bodenklappen im
Mittelteil, die danach wieder geschlossen werden. Das dann
darin befindliche Wasser fließt beim erneuten Beladen mit Sand
durch höher gelegene Seitenöffnungen ab.

Das geeignetste Mittel zur Beseitigung von Ablagerungen
sieht Stevin aber in einem anderen, ebenfalls schon bekannten
Verfahren, das im Holländischen als waterschuyring bezeichnet
wurde. Es besteht darin, eine größere Menge Wasser aufzustauen
und diese dann als Flutwelle durch den freizuspülenden Hafen-
teil, Graben oder Kanal zu leiten. Eine Veröffentlichung Stevins
zu dieser Thematik erschien zu seinen Lebzeiten erst 1617, obwohl
er sich damit bereits seit den achtziger Jahren des 16. Jh. beschäftigt hat. In dieser Arbeit [17], auf die später noch eingegangen wird, beschreibt Stevin zunächst die verschiedenen Schleusen-
typen, die damals benutzt wurden. Zum waterschuyring müsse
man sie umgestalten. Wichtig sei ein schneller Abfluß.

Es ist beim Wasser genau so, wie bei einer Kanonenkugel von 48 Pfund Gewicht, die eine Neigung hinabrollt und auf einen Haufen irdenen Geschirrs
auftrifft. Sie übt eine größere Wirkung aus, als viele kleine Musketenkugeln
mit 48 Pfund Gesamtgewicht, die aber nacheinander hinabrollen [21f, S. 192].

Andererseits solle die Schleuse jedoch weiterhin für Schiff-
fahrtszwecke benutzt werden. Über diese Frage habe er mit
zwei Stadtzimmerleuten aus Rotterdam und Delft ausführlich
diskutiert. Als besonders geeignet sieht Stevin eine Konstruktion
an, bei der in die beiden Tore einer Kammerschleuse zwei große
Drehtüren eingesetzt (Abb. 24) sind, die sich um vertikale Achsen
(z. B. IK) drehen können, wobei der Abstand $EI \neq IF$. Beim

24 Schema eines Schleusentores, das wahlweise zum Betrieb einer Kammer-
oder Spülschleuse benutzt werden kann [17]

normalen Schleusenbetrieb wurden die Drehtüren durch einen
Mechanismus *NPMO* geschlossen gehalten. Nach Freigabe des
Schließmechanismus drehten sich die Türen von selbst auf
Grund der nach dem Hebelgesetz zu beiden Seiten der Achse *IK*
unterschiedlich großen Kraftwirkungen des aufgestauten Wassers
schnell in Abflußrichtung, so daß ein schwallartiger Abfluß ge-
sichert ist. Stevin berichtet von zwei Schleusen, die nach diesem
Prinzip gebaut worden sind.
Eine ausführliche Behandlung wasserbautechnischer Maßnah-
men fand sich unter Stevins nachgelassenen Papieren. Hendrik
Stevin veröffentlichte sie in [32] unter dem Titel „Vanden Handel
Der Waterschuyring Onses Vaders Simon Stevin" (Abhandlung
über das waterschuyring, von unserem Vater Simon Stevin) im
Jahre 1667. Hierin holt Simon Stevin sehr weit aus und beginnt
mit allgemeinen Betrachtungen geomorphologischer Art hinsicht-

lich des Verlaufs von Flüssen, der Abtragung und Anlagerung von Land, der Herausbildung von Flußschlingen, der Änderung der Strömungsgeschwindigkeit bei Teilung eines Flusses usw. Danach entwickelt er seine Vorstellungen über Stauschleusen, bzw. Wasserreservoire und Kanäle zum waterschuyring und wendet sie auf eine Reihe holländischer, seeländischer und flandrischer Städte an, wobei die Lage dieser Städte in bezug auf die See, die Gezeiten oder Flüsse berücksichtigt wird.

Von besonderem Interesse sind Vorschläge, die Wasserwege im damaligen Danzig (Gdańsk) betreffen. Es handelt sich um regelrechte geschäftliche Angebote an den „Edlen Rat der Kaiserlichen Stadt Dantzic", die leider undatiert sind. Darin legt Stevin u. a. auch ausdrücklich fest, daß die Vorschläge „. . . weder vollständig noch teilweise in die Praxis umgesetzt werden dürfen, ohne daß der Edle Rat ihm, Stevin, oder dessen Bevollmächtigten eine Entschädigung zahlt" [21f, S. 244]. Aus dem Text der Angebote geht hervor, daß Stevin selbst in Danzig war. Es ist anzunehmen, daß die Fahrt in die Ostseestadt auf dem Seewege erfolgte, war doch Danzig einer der großen Handelspartner Hollands und wurde von vielen holländischen Schiffen angelaufen.

Stevins Vorschläge betreffen u. a. das Wegspülen einer Sandbank durch von Schleusen aufgestautes Flußwasser, „. . . wie es in Holland und Seeland . . . üblich ist", die Vertiefung des Flüßchens Mottlau durch waterschuyring und die Regulierung anderer Flußläufe. Da sich die Kosten für die zum waterschuyring notwendigen Anlagen als zu hoch erwiesen, machte Stevin ein neues Angebot. Wie sehr er an einem Auftrag interessiert war, zeigt sein Vorschlag, auf eigenes Risiko hinsichtlich der Geräte und der Arbeiter eingesetzten, die Tiefe des Fahrwassers dauernd auf 7 Ellen bei einer Breite von 6 Ruten (etwa 23 m) zu halten bei einer Bezahlung von $1\frac{1}{2}$ Groschen pro geförderte „Last". Sein Projekt erläutert er an Hand einer Abbildung (Abb. 25).

Das Floß wird mit Ankern über der Sandbank festgehalten. An jeder Längsseite können bis zu 25 Arbeiter postiert werden. Die Sandnetze bestehen aus einem Eisenbügel mit Schürfkante (ein Modell des Bügels aus Blei füge er für den Edlen Rat bei) und einem Netz aus „Käsetuch", also einem speziellen Seihtuch. Es werden verschiedene Hilfsmittel (Rollen, Flaschenzüge) vorge-

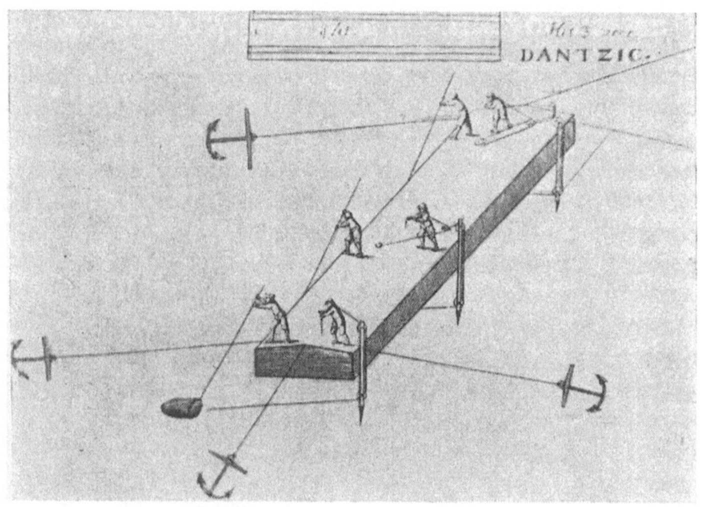

25 Vorschlag Stevins zur Beseitigung von Untiefen. Die Sandnetze werden mit Stangen geführt [32]

schlagen. Bei einer Überschlagsrechnung hinsichtlich der möglichen. Arbeitsleistungen und Kosten beruft er sich auf eigene Erfahrungen in Holland, so daß man seinen Aufenthalt in Danzig frühestens in die neunziger Jahre des 16. Jahrhunderts datieren kann. Entwürfe Stevins für wasserbauliche Einrichtungen existieren auch für andere Städte in Preußen, in den Niederlanden und in Frankreich. Was aus diesen Projekten wurde, ist nicht bekannt, zumal die Ansichten über den Nutzen von waterschuyring unterschiedlich und auf jeden Fall die Kosten sehr hoch waren.
Die theoretische und praktische Tätigkeit Stevins auf wasserbaulichem Gebiet scheint umfangreicher gewesen zu sein, als urkundlich nachweisbar ist. In den ältesten Bibliographien, die Stevins Namen enthalten, wird dieser als praefectus der das Land vor dem Meer schützenden Deiche bezeichnet [34, S. 677]. Einige Biographen des 18. Jahrhunderts geben sogar an, er sei 1592 als „Erster Aufseher" über die Wasserbauten angestellt worden. Vielleicht haben die Titel anders gelautet, da man in den Archiven bisher darüber nichts fand.
Am bekanntesten wurde Stevin schon zu Lebzeiten, auch außerhalb der Niederlande, durch die Konstruktion eines seltsamen

Gefährts: eines Segelwagens! Er selbst geht darauf in keiner seiner
Arbeiten ein. Es gibt jedoch eine Abbildung (Abb. 26) und Berichte über den Segelwagen, die an dessen Existenz keinen Zweifel
lassen. Stevin dürfte durch Veröffentlichungen von Asienreisen-
den in den neunziger Jahren des 16. Jh. Kenntnis von derartigen
Fahrzeugen in China erhalten haben. Gebaut wurde der Wagen
um 1600. Über die Konstruktion und technische Details ist kaum
etwas bekannt, zumal bei Abb. 26 nicht klar ist, inwieweit künst-
lerische Freiheit waltete. .

26 Stevins Segelwagen [21f, S. 4]

Der Kupferstich nach einer Zeichnung von Jacob de Gheyn zeigt
den Segelwagen bei einer Fahrt, die am Strand von Scheveningen
(bei 's-Gravenhage) nach Petten (bei Alkmaar) führte. Die In-
schrift auf dem Stein im Vordergrund besagt, daß Gheyn erklärt
und schwört, hier den Segelwagen des Prinzen Moritz dargestellt zu
haben. Über diese Fahrt wird auch durch andere berichtet, so durch
den bereits erwähnten Juristen Hugo Grotius, einem Sohn des
Delfter Bürgermeisters de Groot, der als junger Mann daran teilnahm und darüber ein Poem verfaßte. An der Fahrt, die zwischen
1600 und 1602 stattgefunden haben könnte, sollen 28 Personen
beteiligt gewesen sein. Bei starkem Südostwind wurde eine Strecke
von rund 80 km in 2 Stunden zurückgelegt. Der Wagen habe sich
dreimal schneller als ein Schiff bewegt und schien förmlich dahin-
zufliegen!
In einer Schrift aus dem Jahre 1652 wird berichtet, daß Prinz
Moritz, der den Wagen selbst steuerte, diesen sogar einmal in das
Wasser gelenkt habe, um den Mitfahrenden einen Streich zu

spielen (was diese angsterfüllt über sich ergehen lassen mußten).
Durch eine einfache Steuerbewegung sei der Wagen nach einiger
Zeit wieder auf den Strand gelenkt worden, wo er die Fahrt
fortsetzte [21f, S. 6]. Dijksterhuis meint dazu ironisch:

Wer glauben will, daß sich das Fahrzeug zwei Stunden lang mit einer Geschwin-
digkeit von ca. 40 km/h am Strand fortbewegt hat und dabei dem Steuer so gut
folgte, daß man es sogar in das Wasser fahren und daß es sofort darauf seinen
Weg am Strand wieder fortsetzen konnte, soll dies auf eigene Verantwortung
tun. [24, S. 210]

Natürlich neigte man damals in technischen Dingen oft zu Über-
treibungen. Da aber Berichte über weitere Fahrten in den Jahren
1613, 1621, 1693 und sogar 1790 mit hochgestellten Persönlichkeiten „an Bord" vorliegen, muß es sich tatsächlich um ein brauch-
bares Gefährt gehandelt haben, das für Besucher der Niederlande
eine Attraktion darstellte. Die Stevinsche Konstruktion wirkt
allerdings sehr schwerfällig, so daß sicherlich stürmischer Wind zur
Fahrt erforderlich war, was das ganze Unternehmen nicht unge-
fährlich machte. Vielleicht war das der Grund für den Bau eines
weiteren, kleineren Wagens. Urkundlich belegt ist für 1621 die An-
stellung eines Gerrits Gerritsz als „Kapitän der beiden Segelwagen
von Scheveningen". Der kleinere Wagen bestand aus Eichenholz,
war 15 Fuß lang und 5 Fuß breit und existierte noch Anfang
des 19. Jahrhunderts in Scheveningen. Dann verlieren sich die
Spuren.

Wer ist ein guter Bürger?

Im Jahre 1590 erschien eine neue Arbeit Stevins, die nur 56 Seiten umfaßte, aber bis 1684 noch sechsmal neu aufgelegt wurde, also erhebliches Interesse fand. In dieser Veröffentlichung „Vita Politica. Het Burgherlick Leven" [10], etwa mit „Das Zusammenleben, das Verhalten der Bürger" zu übersetzen, widmet sich Stevin einer von seinen bisherigen Arbeiten vollkommen abweichenden Thematik. Als Grund dafür gibt er an, daß es vieler Orten zu großen Veränderungen in der Regierung gekommen ist und die Bewertung dieser Veränderungen sehr unterschiedlich sei. Er habe sich daher entschlossen, die Regeln für ein rechtschaffenes Verhalten der Bürger zusammenzustellen. Daß er sich so kurz fasse, hänge einerseits mit seiner eigenen Vorliebe für knappe Darstellungen und andererseits mit seinen gegenwärtigen mathematischen Arbeiten zusammen [21f, S. 474ff.].

Obwohl Stevin im Text auf die Niederlande selbst nur an wenigen Stellen explizit hinweist, ist seine Schrift doch wesentlich durch die damaligen innenpolitischen Verhältnisse seiner Heimat geprägt. Die Union von Utrecht von 1579 stellte anfangs einen sehr losen Zusammenschluß der beteiligten Provinzen dar. Es verband sie zwar das gemeinsame Ziel des Sturzes der spanischen Fremdherrschaft, aber im übrigen hatten sie sehr unterschiedliche Interessen, vor allem auf ökonomischem Gebiet.

Oberstes Gremium einer Provinz waren die staaten der gewesten (Provinzstaaten), die sehr stark durch die örtlichen Regime der Städte, die vroedschappen, beeinflußt, bzw. beherrscht wurden. Diese Familienclans bezeichnete man auch als Regenten. Sie übten die leitenden Funktionen der Gemeinwesen aus, wie Bürgermeister, Schöffen und Schulzen. Ihre Macht basierte auf Geld, während die des Adels auf dem Landbesitz beruhte.

Im Vergleich zu den Regenten waren die breiten Volksmassen in der örtlichen und regionalen Politik ohne Einfluß, zumal selbst die Gewohnheitsrechte der Gilden und Bürgerwehren weitgehend beseitigt worden waren.

Diese Machtverhältnisse wirkten sich auch auf die zentralen Institutionen der Union aus. So verringerte sich die Bedeutung des rad van state (Staatsrat) immer mehr zugunsten der staaten generaal (Generalstaaten), in denen nur je ein Vertreter der Provinzen saß. Die Generalstaaten waren für allgemeine Dinge, wie die Steuerfestsetzung, für Auswärtiges und militärische Angelegenheiten zuständig, wobei Beschlüsse einstimmig gefaßt werden mußten.

Obwohl Philipp II. im Jahre 1581 als Souverän von den Generalstaaten abgesetzt wurde, standen für einige Zeit noch Vertreter ausländischer Herrscher an der Spitze der „Vereinigten Provinzen", wofür in erster Linie Bündnisabsprachen maßgebend waren. Nahezu zwangsläufig kollidierten aber oft die Interessen dieser fremden Staaten, bzw. derer Abgesandter mit den Interessen der niederländischen Bourgeoisie.

Das wurde besonders deutlich bei Aktionen des Grafen Leicester, der 1585 als Vertreter der englischen Königin in die Niederlande gekommen war und eine eigene große Machtfülle anstrebte. Dabei versuchte er, sich auf der Oligarchie entgegenwirkende Kräfte aus dem Volke, kalvinistische Demokraten und Bürgerwehren, zu stützen, besonders in der Provinz Utrecht, wo er seine Residenz hatte. Das reichte aber nicht aus, um sich gegen die starken großbürgerlichen Kräfte, vor allem in der mächtigsten Provinz, Holland, durchzusetzen, so daß er Ende 1588 die Niederlande verlassen mußte.

Fortan verzichtete die Republik auf solche ausländischen Repräsentanten, und um 1590 wurden die Generalstaaten die eigentliche Regierung. Den Generalstaaten unterstand auch Moritz von Oranien als militärischer Oberbefehlshaber. Er war gleichzeitig „Statthalter der Niederlande", also formelles Staatsoberhaupt. Auch in anderen wichtigen Staatspositionen, in militärischen Funktionen ohnehin, gab es sehr viele Vertreter des Adels. In gewisser Hinsicht wurde die Organisationsform des feudalen Ständestaates von der jungen bürgerlichen Republik noch beibehalten, die den Adel, der weiterhin Grund und Boden besaß, in seine Dienste stellte. Entscheidend war nicht, wie stark die Bourgeoisie selbst politisch in Erscheinung trat, sondern ihr immenser ökonomischer Einfluß (vgl. hierzu [28]).

Die Kenntnis dieser Strukturen ist notwendig, um Stevins Darlegungen zur Gesellschaft zu verstehen.

Seine Hauptthese lautet: Jedermann muß die Autorität anerkennen, die zum gegenwärtigen Zeitpunkt an dem Ort herrscht, wo er wohnt, unabhängig davon, ob diese Autorität auf recht- oder unrechtmäßige Weise zur Macht gelangt ist [21f, S. 492]. Diese These soll absolute Gültigkeit haben. Änderungen an einer bestehenden Ordnung sind zwar möglich, aber nur durch Vorschläge, Bitten usw. an die Herrschenden. Wenn die Verhältnisse untragbar werden, muß man emigrieren und kann dann von außen versuchen, gewaltsam Veränderungen zu erreichen. Wer aber bleibt, muß sich loyal verhalten.

Wie vertragen sich diese Aussagen mit dem zu diesem Zeitpunkt noch immer andauernden Kampf gegen die spanische Fremdherrschaft? Es ist bei genauer Betrachtung offensichtlich, daß Stevin mit seiner Schrift gar nicht beabsichtigt, eine nachträgliche Rechtfertigung für den Aufstand zu geben. Das zeigt sich u. a. darin, daß seine Beispiele zu dieser Problematik sehr weit hergeholt (Nero und der römische Senat) oder sogar konstruiert sind (der Doge und der Senat von Venedig). Es ist vielmehr sein Ziel, zur Festigung der jungen niederländischen Republik beizutragen. Deshalb nehmen bei ihm Betrachtungen größeren Raum ein, die sich mit der Frage beschäftigen, wie sich der Bürger bei inneren Streitigkeiten verhalten soll, wenn sich etwa ein Staatsregent nicht an die Gesetze hält oder wenn ein Machtkampf entbrennt, bei dem sich beide Seiten auf ihre Rechtmäßigkeiten berufen. Hier bleibt Stevin nicht im Anonymen, sondern äußert offen, wen und was er meint. So gab es Bestrebungen von Städten und Provinzen der Niederlande, bestimmte Rechte und Privilegien um jeden Preis aufrecht zu erhalten. In dieser Frage vertritt Stevin nachdrücklich die Meinung, daß die Gesetze der Union denen der Provinzen und diese denen der Städte vorgehen. Aus heutiger Sicht erscheint das Streben nach einer Zentralgewalt selbstverständlich, aber gerade der Versuch der Spanier zur Abschaffung verschiedener Privilegien war bekanntlich einer der Gründe für den Aufstand gewesen.

Auch dem „Fürsten", also dem Staatsoberhaupt, wendet sich Stevin in seiner Arbeit zu. Nach seiner Meinung sind Fürsten keine Herrscher von Gottes Gnaden, sondern in einer Republik ebenfalls nur Bürger, wenngleich in hohen Positionen. Deshalb sollte ein Staat argwöhnisch darauf achten, daß ein Fürst nicht versucht, von sich aus seine Rechte zu erweitern und seine Kompetenzen zu überschreiten. Das zielt deutlich auf die Stellung des Statthalters in den Niederlanden. Explizit wird in diesem Zusammenhang der Graf Leicester genannt (siehe oben). Daher solle sich der Bürger bei inneren Streitigkeiten dem widersetzen, der die „guten" Gesetze verändern oder abschaffen will. Sei aber ein Fürst gegenüber seiner (bürgerlichen) Regierung loyal, so könne ihn der Staat belohnen und ihm größere Macht geben. Auch hier dürfte Stevin ein aktuelles Ereignis im Auge haben, denn 1589 wurde Moritz von Oranien, einem Sohn des 1584 ermordeten Wilhelm von Oranien, auch die Statthalterschaft von Utrecht, Geldern und Overyssel übertragen, nachdem er 1585 schon Statthalter von Holland und Seeland geworden war.

In einer Zeit, in der die Klassenauseinandersetzungen stark religiösen Charakter trugen, geht Stevin selbstverständlich auch auf Fragen der Religion ein. Seine Ansichten dürften aber kaum den Beifall der Orthodoxen gefunden haben, weder auf kalvinistischer, noch auf katholischer Seite. Die Bevölkerung der nördlichen Provinzen war in religiöser Hinsicht durchaus nicht einheitlich. Neben orthodoxen und gemäßigten Kalvinisten gab es Lutheraner und Täufer. Den überwiegenden Anteil stellten nach wie vor die Katholiken; noch 1618 waren zwei Drittel der Bevölkerung der Vereinigten Provinzen katholisch [35, S. 809].

Da der Kalvinismus als Staatsreligion galt, unterdrückten die Kalvinisten alle anderen Konfessionen.

Über Stevins Religionszugehörigkeit ist nichts bekannt. Seine Schrift läßt aber religiöse Tolerenz erkennen, wie sie damals unter bestimmten Teilen der Bourgeoisie nicht selten war. Diese Libertiner (kirchliche Neutralisten), es waren sowohl Katholiken als auch Protestanten, lehnten die extremen Ansprüche der katholischen Priester ebenso ab wie die der kalvinistischen Predikanten. Ausführlich befaßt sich Stevin mit solchen Bürgern, die der Staatsreligion nicht anhängen. Diejenigen, die nicht an Gott und Teufel glauben, aber die Religion für ein wichtiges Mittel ansehen, um das Gemeinwohl zu heben und zu erhalten, sollen die Religion nicht schmähen, den Gesetzen folgen und sich ruhig verhalten. Diejenigen, die eine Religion aus innerem Bedürfnis brauchen, sollen ihren Glauben im geheimen pflegen, wenn sie nicht die Erlaubnis zur öffentlichen Ausübung erlangen können. Die Bürger,

welche ihren abweichenden Glauben offen vertreten, sollen es jedoch nicht bis zum Märtyrertum kommen lassen, sondern emigrieren, beispielsweise auch zu den Wilden gehen, die ja ebenfalls
Menschen sind (!), und diese zu Gott bekehren.

Es ist sehr interessant, aus welchem Grund Stevin eine Religion
überhaupt für notwendig und wichtig hält: Jeder Mensch wolle,
daß seine Kinder zu tugendvollen und frommen Menschen
heranwachsen. Die Meinung der Philosophen, daß man das Gute
tun soll, weil es in sich selbst gut ist, und ebenso das Böse lassen
soll, weil es in sich selbst schlecht ist, beeindruckt die Menschen
nicht. Man muß vielmehr den Kindern von früh an bewußt machen, daß es einen Gott gibt, der alles sieht und selbst die Gedanken der Menschen kennt und mit ewigen Höllenqualen alle Sün-
der strafen wird; den Guten aber erwarten ewige Freuden. Auf
einen strenggläubigen Anhänger einer bestimmten Konfession
deutet das alles kaum hin. Eine niederländische Autorin (vgl.
[21f, S. 467ff.]) meinte daher auch zutreffend, daß Gott für
Stevin nichts anderes ist als ein großer Buhmann.

Die Quintessenz seiner Überlegungen über das Verhalten der
Bürger faßt Stevin so zusammen: „Jeder muß von den auf der
Erde vorhandenen Gemeinwesen das wählen, in welchem er
imstande und gewillt ist, die bestehenden Verhältnisse zu akzep-
tieren.“ [21f, S. 573] Das soll nicht bedeuten, daß nun jeder auf
die Suche nach einem solchen Land gehen muß. Stevin meint
vielmehr, wie er anschließend an diesen Satz erläutert, daß ohne
Gemeinsinn, ohne gemeinsame Verhaltensregeln usw. ein Staat
nicht bestehen kann und deshalb eine bestimmte Anpassung unumgänglich sei. Für ihn ist der Staat das Symbol der in ihm lebenden
Bürger.

Man hat Stevin den Vorwurf gemacht, daß bei ihm ein die Menschen verbindendes Band, etwa die gemeinsame Sprache, nicht von
Bedeutung sei. Er vergleiche das Gemeinwesen nicht mit einer
Familie, sondern mit einem Logierhaus, in welchem man sich
nach der dort geltenden Hausordnung richten oder — eben aus-
ziehen muß [21f, S. 470]. Mit diesem Vorwurf tut man Stevin
sicherlich Unrecht. Es wurde schon darauf hingewiesen, in welch
großem Umfang Emigranten aus dem Süden in die nördlichen
Provinzen gekommen waren. Auch unter diesem Gesichtspunkt
war der Prozeß zur Bildung eines Nationalstaates noch in vollem

Gange. Eine Konsolidierung der jungen bürgerlichen Republik unter den Bedingungen des anhaltenden spanischen Drucks konnte nur erreicht werden, wenn die bestehende Ordnung und deren Gesetze, die naturgemäß zu diesem Zeitpunkt die der bestimmenden Kaufmannsoligarchie und der Manufakturbesitzer waren, von den breiten Volksmassen, besonders von den Handwerkern, abhängigen Bauern und den Plebejern nicht in Zweifel gezogen wurden. Das dürfte der Hauptgrund für Stevins im Vordergrund stehendes Verlangen nach Ordnung und Gesetzlichkeit unter einer starken Zentralgewalt gewesen sein.

Stevin hat sich auch noch später mit gesellschaftlicher Thematik beschäftigt. Die Ergebnisse sind in einer postumen Ausgabe von [10] im Jahre 1646 enthalten. Zu erwähnen sind Vorschläge organisatorischer Art für beratende Organe in einem Staatswesen. Bemerkenswert ist auch die Offenheit, mit der er Mißstände anspricht: Bei der Ämterverteilung muß darauf geachtet werden, daß keine Vetternwirtschaft einreißt; er wendet sich gegen die Vergabe von Stellen und Posten durch Verkauf; hält eine jährliche Neuverteilung von Ämtern für erforderlich, um Unfähige zu entfernen, u. a. m.

Wie man Festungen baut und Feldlager anlegt

Die anfangs prekäre Lage der jungen Republik der Niederlande, der tatsächlich befreite Bereich umfaßte 1588 nur Holland, Seeland, Friesland und kleinere Teile anderer Provinzen, besserte sich nach 1588 zusehens. Grundlage dafür waren einmal die Bindung spanischer Truppen an andere Kriegsschauplätze infolge militärischer Auseinandersetzungen mit England und Frankreich und zum anderen militärische Erfolge der Niederländer, deren oberster militärischer Befehlshaber seit 1589 Prinz Moritz von Oranien war. Trotz seiner Jugend, er wurde 1567 geboren, erwies er sich als ein talentierter Heerführer, der, zusammen mit seinem Neffen und Schwager Wilhelm Ludwig von Nassau, dem Statthalter von Friesland, versuchte, den Krieg nach wissenschaftlichen Prinzipien zu führen. Dazu studierte er auch die Erfahrungen der Antike, besonders die römische Kriegskunst.

Als sehr wesentlich sah Moritz Ordnung und Disziplin an. Obwohl zahlenmäßig den Spaniern unterlegen, erlangten die niederländischen Truppen wegen ihrer Zuverlässigkeit und Disziplin in Europa einen bedeutenden Ruf. Man muß allerdings erwähnen, daß es sich um gutbezahlte Söldnertruppen handelte. Bei der Belagerung ihrer Städte durch die Spanier in den siebziger und achtziger Jahren hatte die niederländische Bevölkerung Mut, Opferbereitschaft und Standhaftigkeit bewiesen, aber nach Abwendung der direkten und unmittelbaren Bedrohung führte man den Kampf zu Lande nahezu ausschließlich mit fremden Söldnerheeren, wofür finanzielle Mittel aus der Handelstätigkeit in ausreichendem Maße zur Verfügung standen. Und für viel Geld bekam man die besten Truppen Europas, vor allem Reiterei und Artillerie.

Die von Moritz gewählte Taktik der Kriegsführung war den besonderen Gegebenheiten des niederländischen Befreiungskampfes gut angepaßt. Wenn irgend möglich, vermied er offene Feldschlachten, bei denen wegen der zahlenmäßigen Überlegenheit der Spanier kaum mit Erfolgen zu rechnen war. Abgesehen von einigen Scharmützeln und Handstreichen bestanden die militärischen Kampfhandlungen in der Belagerung wichtiger Orte, befestigter Plätze und Städte, die von strategischer bzw. wirtschaftlicher Bedeutung waren, und in der Abwehr feindlicher Angriffe auf eigene Befestigungen und Städte. In militärtechnischer Hinsicht bedeutete das im Falle des eigenen Angriffs, mit Hilfe von Schanzen, Laufgräben, Unterminierungen usw. die Voraussetzungen für die Eroberung des belagerten Objekts zu schaffen. Andererseits waren auch umfangreiche Baumaßnahmen zur Verbesserung der eigenen Verteidigungsanlagen nötig. Innerhalb der niederländischen Armee gab es deshalb viele Ingenieure und sogar regelrechte Pioniereinheiten.

Diese Art von Kriegsführung brachte schon bald bedeutende Erfolge, und als 1594 die Festung Groningen fiel, waren alle zur Utrechter Union gehörenden Provinzen befreit. Die Kampfhandlungen der folgenden Jahre verlagerten sich weitgehend in die spanischen Niederlande, also die Südprovinzen, bzw. an die durch die großen Ströme (Rhein und Maas) gebildete natürliche Grenze. Zwischen 1595 und 1606 wurde der Krieg von seiten der Niederländer im wesentlichen defensiv geführt. Außer einer Feldschlacht bei Nieuport im Jahre 1600 mit unentschiedenem Ausgang kam es in der Hauptsache nur zu einer Vielzahl von Städtebelagerungen oder derem Entsatz durch beide kriegführende Parteien. Obwohl die Niederlande weder materiell, noch militärisch am Ende waren, strebte man nach 1606, als die Kampfhandlungen immer mehr abnahmen, in langwierigen diplomatischen Verhandlungen einen Waffenstillstand an, der 1609 gegen den Willen von Prinz Moritz, der um seine Machtstellung fürchtete, für eine Dauer von 12 Jahren abgeschlossen wurde.

In dem hier skizzierten Zeitraum stand Simon Stevin in den Diensten Moritz von Oraniens, bzw. der niederländischen Armee. Vermutlich gehen die Kontakte zu Moritz bis in das Jahr 1591 zurück, in dem Stevin nach Delft übergesiedelt war. Von dort wurde er öfters zu Konsultationen nach 's-Gravenhage gerufen, wo Moritz seine Hofhaltung hatte, wenn er sich nicht auf Feldzügen befand. In der Folgezeit entstand ein sehr enges Verhältnis zwischen Moritz und Stevin als Berater des Prinzen in militärischen und persönlichen Fragen.

Im Jahre 1603 wurde die Stelle des Generalquartiermeisters der

Staatenarmee vakant. Prinz Moritz stellte daraufhin an den Staatsrat der Niederlande den Antrag, Stevin als „affteecknaer" (wörtlich: Abstecker) der Quartiere der Feldlager mit einem Gehalt von mindestens 50 Pfund monatlich einzustellen. Stevin habe diese Tätigkeit bereits seit 10 Jahren ausgeübt [24, S. 10]. Dem Antrag von Moritz wurde stattgegeben, und 1604 erfolgte die Vereidigung von Claude van Senerpont als „quartiermeester absolut" und von Stevin als Quartiermeister für das „affsteecken der quartieren". In einer Personalliste der Staatenarmee aus dem Jahre 1608 wird Stevin — nach den Generälen — als erster der in der Armee dienenden Ingenieure mit einem Monatsgehalt von 50 Pfund genannt. Vergleichsweise erhielt der inzwischen neu ernannte Generalquartiermeister Antoine de Solempne 100 Pfund bzw. 150 Pfund, wenn sich die Armee im Felde befand.
Stevins Sohn Hendrik bezeichnet seinen Vater als Generalquartiermeister, was lange Zeit als nicht zutreffend angesehen wurde. Tatsächlich findet sich aber in einem um 1610 verfaßten Dokument folgende Aufgabenstellung:

Der Generalquartiermeister Simon Stevijn weist jeder Soldatenabteilung die einzunehmenden Quartiere zu und ist [in dieser Hinsicht — R. G.] allen anderen vorgesetzt, sowohl Generalquartiermeistern als auch einfachen Quartiermeistern [etwa der Regimenter — R. G.] . . . [21 e, S. 249]

In einem anderen Dokument wird Stevin neben Solempne und dem für die Reiterei zuständigen Thijs als einer der Generalquartiermeister bezeichnet [21 e, S. 22]. Stevin gehörte also zur Gruppe der wichtigsten Armeeoffiziere und war an den Feldzügen aktiv beteiligt, wie aus seinen Schriften ersichtliche Einzelheiten über verschiedene Belagerungen erkennen lassen.
Die Stevinschen Arbeiten zu militärischen Dingen sind in drei Veröffentlichungen und einer Vielzahl postum bekannt gewordener Manuskripte enthalten. Die erste Arbeit erschien 1594 unter dem Titel „De Stercktenbouwing" (Der Festungsbau) [12]. Es ist möglich, daß es sich um ein Auftragswerk für den Prinzen oder die Republik handelt. Neuere Bücher über den Bau von Befestigungen lagen bis dahin überwiegend nur in italienischer und französischer Sprache vor. Auf diese Arbeiten und auf die 1589 erschienene Schrift von Daniel Speckle „Architectura: Von Vestungen" baut Stevin auf.

Die Anlage von Befestigungen hatte im 16. Jahrhundert fortge-
setzt Veränderungen und Verbesserungen erfahren. Die mittel-
alterliche Stadtbefestigung mit Mauern und Türmen, wie sie zu
Beginn des Befreiungskampfes in den Niederlanden noch vorherrschte, war seit der bereits lange davor erfolgten Einführung
der „Feuerwaffen" zum Anachronismus geworden. In vielen Ländern hatten sich deshalb schon andere Befestigungsformen durch-
gesetzt, die als alte (vor 1550), bzw. neue italienische Fortifikationsweise (nach 1550) bezeichnet werden. Sehr stark vereinfacht ist
letztere gekennzeichnet durch einen polygonalen Grundriß der
Festung, wobei sich an den Eckpunkten Bastionen (Bollwerke)
befinden, die durch Kurtinen (Stein- und Erdwälle) miteinander

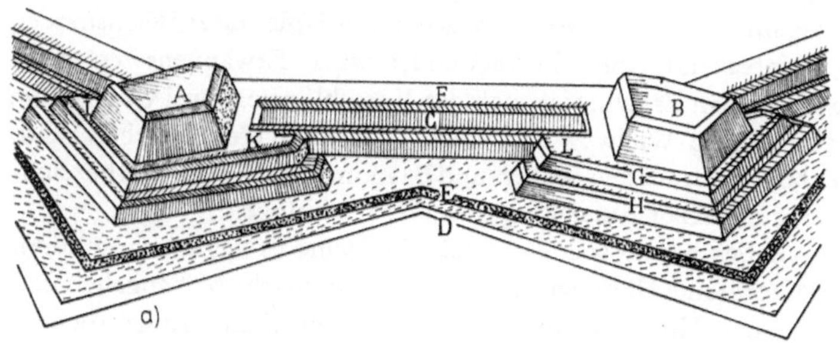

27 *a)* Perspektivische Ansicht zweier Bastionen und einer Kurtine [12]

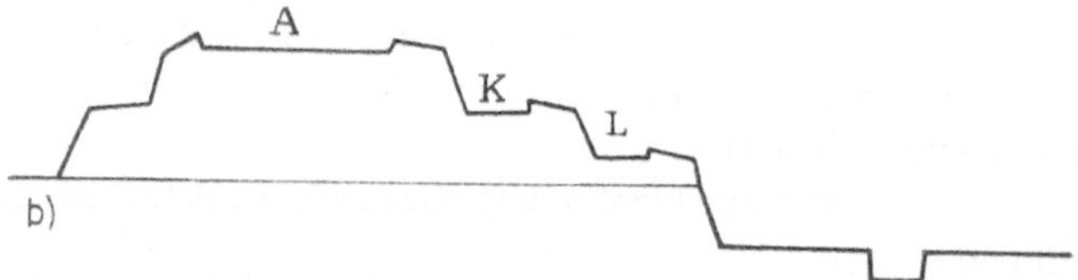

27 *b)* Schnitt durch die Mitte einer Bastion *A. K* und *L* sind Orillons (Feuer-
stellungen zur Flankendeckung) [12]

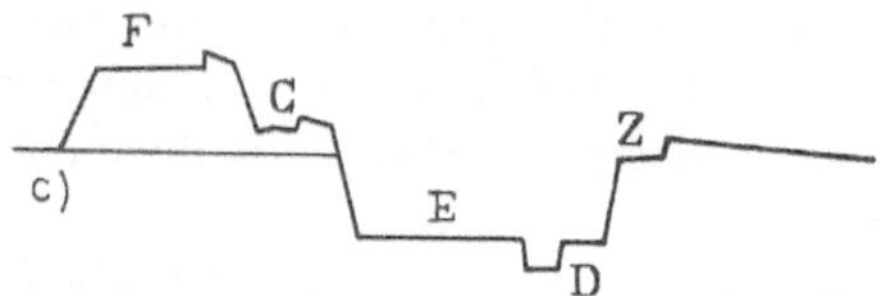

27 *c)* Schnitt durch die Mitte einer Kurtine. *F* Wallweg, *C* niederer Wallweg,
E großer Graben, *D* Mittelgraben, *Z* gedeckter Weg [12]

verbunden sind. Die Bastionen dienen nicht nur als Geschütz-
stellungen nach außen, sondern sollen sich auch gegenseitig dek-
ken bzw. die Wälle „flankieren" (durch Flankenfeuer schützen).
Dazu kamen noch Gräben und vorgelagerte Befestigungen.
Stevin erläutert nicht nur die neue italienische Fortifikationsweise,
sondern erweitert und ergänzt sie, bzw. wendet sie auf die spezifi-
schen Verhältnisse der Niederlande an. Zunächst behandelt er den
Idealfall eines sechseckigen Festungsbauwerks. Die Bastionen
sind fünfeckig und bestehen aus mehreren Etagen (Abb. 27). Sehr
breiten Raum nimmt bei seinen Überlegungen die Vermeidung
von toten Räumen vor den Wällen und Bastionen ein, von denen
aus der Gegner in die Festung eindringen könnte. Die tatsächlich
mögliche Flankierung lasse sich, so Stevin, sehr leicht mit Hilfe
gespannter Drähte darstellen, wenn ein Holz- oder Wachsmodell
(entsprechend Abb. 27) verwendet wird. Erwähnenswert beim
Stevinschen Entwurf ist auch der Vorschlag von zwei Gräben, die
durch einen Wallweg und einen gedeckten Weg gesichert sind.
Erhebungen auf den Wällen und Bastionen, als Kavalieren bezeichnet, dienten zur Aufstellung weiterer Geschütze.
Stevin beschränkt sich nicht auf allgemeine Erwägungen, sondern
erläutert seine Überlegungen ausführlich, macht Maßangaben und
gibt auch Hinweise für die notwendigen Vermessungsarbeiten.
Von der idealen Festung ausgehend werden weiter solche Fälle
berücksichtigt, wo durch äußere Umstände (ungeeignetes Gelände, Gewässer) die Anlage in der Idealform nicht realisiert werden kann. Stevins Forderungen für den Festungsbau lassen sich
kurz so zusammenfassen:
– möglichst vollkommene Flankierung aller Teile der Befestigung,
– Bastionen stumpfwinklig anlegen,
– polygonalen Grundriß, wenn irgend möglich, wählen.
Stevins Vorschläge für eine maximale Befestigung erforderten
allerdings einen so großen finanziellen Aufwand, daß keiner davon
im vorgesehenen Umfang verwirklicht wurde. Aber Anregungen
lieferten sie in reichem Maße. Sie fanden im Festungsbauwesen
am Ende des 17. Jahrhunderts in abgewandelter Form ihren Niederschlag (vgl. [27, S. 838 f.]).
Auf den Festungsbau kommt Stevin in seiner letzten, zu Lebens-
zeiten veröffentlichten Schrift zurück: „Nieuwe Maniere van
Sterctebou door Spilsluysen" (Neue Art von Festungsbau durch

Spindelschleusen) [17]. Sie erschien 1617, wurde aber früher
verfaßt. Im 3. und 4. Kapitel wendet sich Stevin der Verbesserung
von Befestigungen durch Wassergräben, sogenannte nasse Gräben,
zu, wobei Schleusen eine besondere Rolle spielen, die durch Bastionen gedeckt werden. Die Schleusen hatten verschiedene Aufgaben zu erfüllen: waterschuyring, um die Gräben auf der erfor-
derlichen Tiefe zu halten; Verbindung der innerhalb der Stadt
gelegenen Wasserwege mit der See für den Schiffsverkehr; Um-
wandlung nasser Gräben in trockene Gräben und umgekehrt.

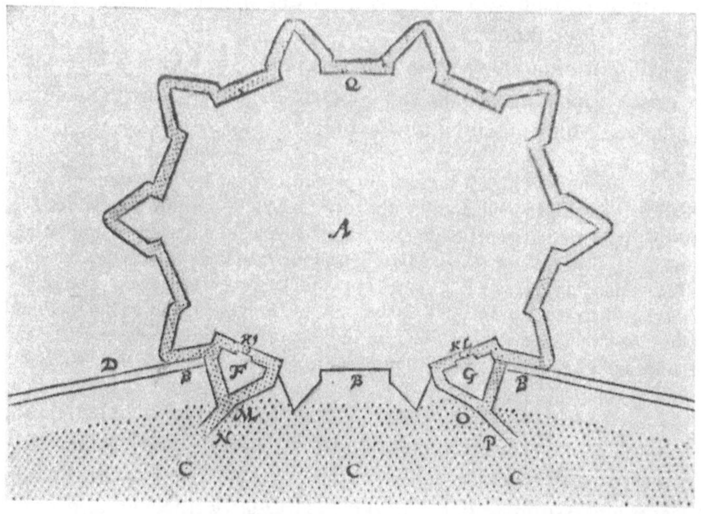

28 Vorschlag für die zusätzliche Befestigung einer am Meer gelegenen Stadt
durch einen Wasserkanal. *KL* und *HI* sind Schleusen (Kammer- und Spül-
schleusen), *G* und *F* Bastionen zu deren Schutz [17]

Ein Beispiel zeigt Abb. 28. Es soll *A* eine an der See gelegene
Stadt sein. Vor der Befestigung ist ein nasser Graben, der hier den
Charakter eines schiffbaren Kanals hat. *KL* und *HI* sind Schleusen, *MN* und *OP* Seekanäle für den Schiffsverkehr. Stevin erörtert
in seiner Schrift alle denkbaren Sonderfälle hinsichtlich der hydro-
graphischen Gegebenheiten und führt 35 Beispiele an, die ihn als
genauen Kenner der wasserbaulichen Einrichtungen vieler holländischer Städte ausweisen und die bereits erwähnte Annahme
stützen, daß er auf diesem Gebiet in den Niederlanden eine wichtige Position einnahm.

Sehr spezifische Vorschläge macht er für die Städte Vlissingen, Deventer und Calais. Wie aus der von Hendrik Stevins postum herausgegebenen Arbeit über waterschuyring hervorgeht, fertigte Simon Stevin z. B. für den Gouverneur von Calais einen Entwurf mit Kostenvorschlag für die zum Schutz der Stadt zu errichtenden Bauten an (Kanäle, Staubecken, sechs Schleusen, Brücken), der sich auf 130 000 Gulden belief. Der zwischen 1596 und 1598 in dieser Sache geführte Schriftverkehr führte jedoch zu keinem positiven Ergebnis. Dagegen soll die Stadt Ostende dank einer derartigen Anlage von 1601 bis 1604 der spanischen Belagerung zunächst widerstanden haben.

Die militärischen Schriften Stevins werden von Kennern der Materie sehr hoch eingeschätzt. So äußerte sich ein profunder Kenner der älteren Militärgeschichte wie folgt:

Überaus klar und wohlgeordnet ist die systematische Übersicht der verschiedenen Befestigungsvorschläge; es war nicht möglich, um die Wende des 16. und 17. Jahrhunderts vorurteilsfreier und lehrreicher über diese Dinge zu handeln, als Stevin es tut ... und diese Vorzüge treten um so deutlicher hervor, als die Abhandlung [[12] – R. G.] sehr kurz und knapp gehalten ist.... Die großartigste Bedeutung gewinnt der Graben ... bei Stevin, indem er ihn aus der Rolle eines absolut passiven Hindernismittels durch die Schleusenwerke in die eines aktiv agierenden Verteidigungsmittels erhebt ... [27, S. 842, 858]

Mit „Nieuwe Maniere" zusammengebunden und im gleichen Jahr erschien Stevins „Castrametatio. Dat is Legermeting" (Über die Vermessung der Feldlager) [17]. Diese Arbeit ist Ergebnis und Zusammenfassung seiner Tätigkeit als Quartiermeister und enthält einen perfekten Überblick über die Anlage und Einrichtung eines Feldlagers in dieser Zeit. Die niederländischen Lager waren weithin berühmt wegen der dort herrschenden Ordnung, und Stevin weist im Vorwort stolz darauf hin, daß Anfragen über die Feldlager selbst von Herrschern aus den entferntesten Ländern kommen würden. Zwar gäbe es darüber schon viele Schriften, aber ein umfassender Überblick mit allen Einzelheiten fehle noch. Durch seine Tätigkeit kenne er alles, sowohl theoretisch, als auch praktisch.

Der erste Teil von „Castrametatio" enthält genaue Pläne mit Maßangaben für die Verteilung der einzelnen Quartiere innerhalb des Lagers, dessen Vorbild das niederländische Lager von rund 20 000 Mann vor der Stadt Jülich im Jahre 1610 ist. Das Quartier des

Prinzen befand sich in der Mitte des Lagers und bestand aus einer Vielzahl von Zelten, umgeben von denen des Hofstaates. In der Nähe waren die Bediensteten untergebracht, wie Diener, Speiseaufträger, Kellermeister, Bier- und Weinabzapfer usw. Bei einer langwährenden Belagerung wurden auch Bier- und Weinkeller angelegt, und zur „Erholung" und zum Zeitvertreib des Hofes gab es sogar einen Ballspielplatz [21 e, S. 286].

Nach außen hin schlossen sich dem Lagerzentrum die Zelte der obersten Befehlshaber an und dann die Quartiere der einzelnen Truppenteile. Letztere bestanden überwiegend aus Holz- oder Strohhütten, die an Lagerstraßen angeordnet waren, die zum Alarmplatz führten. Zum Lager gehörte auch ein Budenmarkt für Krämer, Lebensmittelhändler und Fleischer, aber auch für die als vornehmer geltenden Stoff- und Seidenhändler, die vom „gewöhnlichen Handelsvolk" getrennte Standplätze erhielten. Bei den Gastwirtschaften und Herbergen des Lagers, so Stevin, sollte darauf geachtet werden, daß sich die angesehenen beieinander befinden und die „bordeelen" bei ihresgleichen [21 e, S. 297].

Im zweiten Teil der „Castrametatio" wird eine bis in die kleinsten Details gehende Aufstellung über das zu einer Belagerung Notwendige gegeben. Sie reicht von der Aufzählung der Truppen und ihrer Stärke, der Geschütze, der Angabe der Zahl der Pferde, der Wagen (von den 942 Wagen waren allein 66 für den Prinzen und dessen Gefolge bestimmt) usw. bis zu solchen Kleinigkeiten, die aber doch von Bedeutung sind, wie Zahl und Art der Werkzeuge, Nägel, Bolzen, Laternen, Kerzen und Holzbretter, und selbst sechs Schmierdosen für die Geschützräder bleiben nicht unerwähnt. Selbstverständlich macht Stevin auch genaue Angaben über Piken, Gewehre, Kugeln, Pulver und Lunten. Zum Transport des Heeres und des Zubehörs waren 217 Schiffe bzw. Boote notwendig.

Die anderen Teile von „Castrametatio" befassen sich mit der Praxis, ausgehend vom Abstecken der einzelnen Quartiere im Gelände entsprechend dem Plan, dem Anteil der verschiedenen Quartiermeister an dieser Tätigkeit bis zur Anlage des Alarmplatzes und der Außenbefestigungen. Der Aufbau eines solchen Lagers erfolgte in relativ kurzer Zeit. So ist aus Dokumenten über die Belagerung der Stadt Grol (Groenlo) im Jahre 1597, an der Stevin teilnahm, bekannt, daß am 11. 9. die Vorhut vor der Stadt erschien, am 12. 9. der Alarmplatz eingerichtet und Hütten für

5000 Mann gebaut waren und am Morgen des 13. 9. mit den Vorbereitungen zum Angriff begonnen werden konnte.

Stevins Eintreten für dezimale Einteilungen findet auch in „Castrametatio" seinen Niederschlag, wenn er eine Unterteilung der Truppen in Verbände von 10, 100, 1000 Mann usw. — als Zehnerschaft, Hundertschaft usw. bezeichnet — vorschlägt und die sich daraus ergebenden Vorteile erörtert.

Von den nachgelassenen militärischen Manuskripten ist eine zwischen 1608 und 1615 entstandene Schrift bemerkenswert: „Über die Belagerung der Städte und Festungen". In drei Teilen — Annäherung an das Objekt und Aufklärung des Vorfeldes, Einschließungsring, Vorbereitung der Erstürmung — werden spezifische Hinweise gegeben. Die Hauptarbeit bei einer Belagerung bestand in der Anlage von Laufgräben vom Einschließungsring aus zur belagerten Stadt. Hierzu macht Stevin detaillierte Angaben, wie

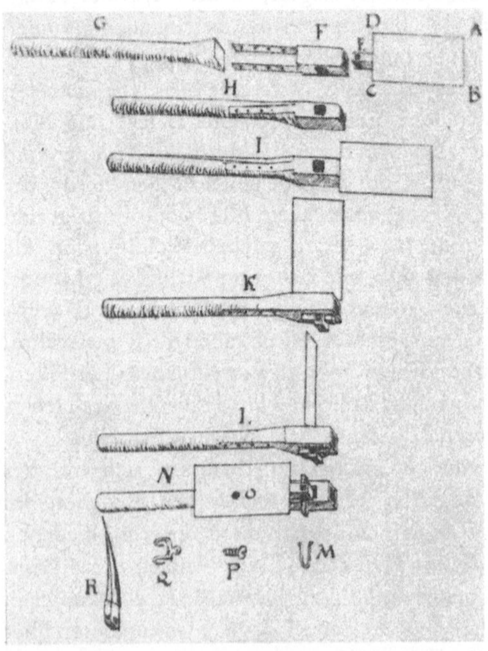

29 „Spabijlhou". Verwendung als Spaten (Spa), K als Beil (bijl), L als Hacke (hou), N im Transportzustand. Oben und unten sind die Einzelteile gezeichnet [21e, S. 477]

die Gräben anzulegen, die Schanzarbeiten zu sichern und die jeweiligen örtlichen Gegebenheiten zu berücksichtigen sind. Bei den meisten Armeen wurden damals die Schanzarbeiten durch zusammengetriebene Bauern ausgeführt, da die Soldaten solche Arbeiten als ihrer unwürdig ablehnten. In der niederländischen Armee setzte man dagegen auch Musketiere und Piketiere bzw. besondere Pioniertrupps ein.

Es zeugt wiederum von Stevins Geschick, daß er das Problem des Mitführens der Schanzgeräte rationell zu lösen sucht. So beschreibt er ein Mehrzweckgerät, das „spabijlhou", das nur 3 1/2 Pfund wog und als Spaten, Beil und Hacke zu verwenden ist (Abb. 29).

In Stevins Nachlaß fanden sich noch weitere militärische Arbeiten, von denen nur die Themen genannt seien: Marsch- und Schlachtordnung, Zusammenwirken von Piketieren und Musketieren in Gruppenverbänden, Exerzieren, organisatorische Probleme (Versorgung der Truppen, Train, Handel im Lager, Maßnahmen gegen Plünderungen, Verminderung des nichtkämpfenden Anteils der Truppen, Ausbildung der Reiterei zum Kampf mit Muskete und Pike bei Verlust des Pferdes), u. a. m. Stevin scheint eine umfassende Darstellung des Militärwesens geplant zu haben, wie eine entsprechende Überschrift im Inhaltsverzeichnis seines Hauptwerkes „Wisconstighe Ghedachtenissen" ausweist, die aber leider nicht zustande kam.

Zusammenfassend läßt sich sagen, daß die gedruckten und ungedruckten Arbeiten Stevin auch auf dem Gebiete des Militärwesens als einen hervorragenden Kenner des zeitgenössischen Wissensstandes ausweisen, der durch viele Verbesserungen und durch sein hervorragendes Organisationsvermögen aktiv am Befreiungskampf der Niederländer teilnahm.

Der prinzliche Berater, Mentor und Finanzverwalter

Es wurde bereits mehrfach auf die engen Beziehungen Stevins zum Prinzen Moritz von Oranien hingewiesen. Dijksterhuis meint in seiner Biographie Stevins sogar, daß der Ingenieur nicht nur ein vertrauter älterer Ratgeber des fast zwanzig Jahre jüngeren Prinzen war, sondern auch dessen Freund [24, S. 321]. Daß Stevin ihm schon während der Zeit, als der Prinz in Leiden studierte (1583/84) Unterricht in Vermessungskunde erteilte, läßt sich nicht belegen. Aber spätestens seit seinem Eintritt in die Armee, also um 1593, stand Stevin auch in persönlichen Diensten des Prinzen. Darauf weist u. a. eine Bemerkung im Personenregister der Staatenarmee des Jahres 1608 hin, in der es heißt, daß Stevin neben seiner Besoldung als Quartiermeister weiterhin vom Prinzen für persönliche Dienste bezahlt wird.

Die von Stevin für Moritz ausgeübten Tätigkeiten lassen sich in drei Komplexen zusammenfassen:
- Sachverständiger für wissenschaftliche und technische Probleme,
- Finanzberater und -verwalter und
- Mentor und Privatlehrer.

Die Sachverständigentätigkeit hing oft mit militärischen Fragen im weitesten Sinn zusammen. So sind Unterlagen aus dem Jahre 1598 über einen Auftrag des Prinzen an Stevin zur Inspektion der Befestigungsanlagen der strategisch wichtigen Stadt Harderwijk erhalten geblieben. In diesen Dokumenten wird Stevin als „Mathematiker des Prinzen", aber auch als Ingenieur bezeichnet. Auf Grund der in acht Tagen durch Stevin und einen anderen Ingenieur vorgenommenen kartographischen Aufnahme, wofür 82 Gulden gezahlt wurden, verbesserte man später die Befestigungswerke. Als Verzehrgeld erhielten die beiden Ingenieure 172 Gulden, worin auch die Kosten eines zu Ehren Stevins gegebenen Banketts, an dem der gesamte Rat von Harderwijk teilnahm, enthalten sind. Daß Stevin eine sehr angesehene Person gewesen sein muß, zeigt sich auch darin, daß die Weiterfahrt der beiden Inge-

nieure nach Amersfoort mit einem Ehrengeleit durch einen Rats-
herrn erfolgte.

Im Jahre 1598 berief Moritz in seiner Eigenschaft als General-
admiral und Befehlshaber der Flotte Stevin in eine Kommission
zur Überprüfung von Erfindungen und Vorschlägen auf dem Gebiete der Seefahrt. Unter anderem sollte ein Vorschlag eingeschätzt werden, der von dem orthodoxen kalvinistischen Prediger
Petrus Plancius, der auch Navigation lehrte, Steuerleute prüfte und
Instrumente baute [33, S. 39], eingereicht worden war. Dieser
hatte eine auch schon von anderen bearbeitete Thematik aufge-
griffen, nach der es möglich sein sollte, aus der bekannten geo-
graphischen Breite, der Deklination, und der Art der Abwei-
chung der Kompaßnadel (östlich oder westlich) die geographische
Länge zu bestimmen und damit den Standort des Beobachters auf
der Erdkugel.

Das Ergebnis der Überprüfung ist eine von Stevin, ohne Namens-
nennung auf dem Titelblatt, verfaßte kleine Abhandlung für den
Praktiker mit dem Titel „De Havenvinding" (Das Auffinden von
Häfen) [13], die 1599 in Holländisch, Lateinisch, Französisch und
Englisch erschien. Darin erläutert Stevin ein Verfahren, das dem
des Plancius analog ist, wobei er dessen Priorität ausdrücklich
anerkennt. Den Wert dieser Navigationshilfe grenzt Stevin jedoch
stark ein: Kenne man die geographische Breite und die Deklination eines Hafens und werden an Bord eines Schiffes davon nur
wenig abweichende Werte gemessen, so befinde sich das Schiff
in unmittelbarer Nähe dieses Hafens. Zwar könnten verschiedene
Häfen die gleichen Werte haben; aber sie sind so weit voneinander
entfernt, daß man Verwechslungen ausschließen kann. Für 43 Häfen, bzw. Städte gibt Stevin die entsprechenden Werte an.

Es zeugt von seiner Vorsicht bei wissenschaftlichen Veröffentlichungen, daß er das vorhandene Zahlenmaterial noch nicht für
ausreichend hält, um eine umfassende Theorie zu entwickeln.
Sicherlich ist es seinem Einfluß zuzuschreiben, daß Moritz von
Oranien allen holländischen Kapitänen befahl, bei ihren Fahrten
die Deklination in allen angelaufenen Häfen zu messen und der
Admiralität zu melden. Isogonenkarten (die Verbindungslinien
zwischen Orten gleicher magnetischer Deklination enthalten)
wurden aber erst 100 Jahre später gezeichnet, so daß das von Plancius und Stevin beschriebene Verfahren zunächst noch nicht prak-

tisch benutzt werden konnte. Die Grundidee war durchaus brauchbar, auch wenn die Entwicklung zur genauen Ortsbestimmung auf See später in anderer Richtung verlief.

Im Jahre 1600 erhielt Stevin eine besonders wichtige Aufgabe: die Ausarbeitung eines Lehrprogrammes für eine neue, mit der Universität Leiden zu verbindende Ingenieurschule. Der Unterricht sollte ausschließlich in holländischer Sprache stattfinden und u. a. folgende Gebiete umfassen:

- die vier Hauptrechenarten mit ganzen Zahlen, Brüchen und „Thiendezahlen" (!),
- die Regeldetri (Dreisatzrechnung),
- einen praxisorientierten Lehrgang in Feldmessung und
- theoretische und praktische Befestigungskunde.

Daß der Unterricht in Holländisch durchgeführt wurde, ist Folge von Stevins Bemühungen in dieser Hinsicht, aber auch durch die Herkunft der Studenten bedingt, die — nach einem Verzeichnis für die Jahre von 1600 bis 1611 — weitgehend Praktiker waren: Maurer, Zimmergesellen, Steinmetze, Geometer usw. Zu den Lehrern für Arithmetik an dieser Schule gehörte auch Stevins Freund, der ehemalige Fechtmeister Ludolf van Ceulen, ein hervorragender Mathematiker, der damals die Zahl π auf 35 Stellen berechnete („Ludolfinische Zahl"). Ob Stevin selbst an dieser Schule lehrte, ist nicht bekannt, aber auch wohl kaum anzunehmen.

Hinsichtlich des zweiten genannten Komplexes, der Finanztätigkeit Stevins für den Prinzen, ist auf umfangreiche Vorschläge zur Reorganisation der prinzlichen Domänenverwaltung hinzuweisen, die mit der Einführung der Italienischen Buchhaltung einhergingen. Allerdings bewährte sich dieses Verfahren nicht und wurde später durch ein anderes ersetzt [19b]. Bis zu seinem Tode war Stevin oberster Verwalter des gesamten Finanzwesens, soweit es den Privatbesitz des Prinzen betraf.

Stevins Haupttätigkeit für Moritz bestand in den neunziger Jahren des 16. Jh. darin, Leitfäden und Lehrbücher zu verfassen über die verschiedensten Zweige der Wissenschaft, die Moritz studieren wollte. Moritz besaß sehr gute mathematische Veranlagungen und vielfältige Interessen auf mathematischem und naturwissenschaftlichem Gebiet, was damals bei Heerführern und Politikern zu den Seltenheiten gehörte. Er warf nicht nur bestimmte Probleme auf, sondern versuchte auch, sie mit Stevin gemeinsam zu lösen. Hinweise auf eigene Beiträge des Prinzen in Stevins Werken sind keine schmeichlerischen Zusätze, sondern entsprechen dem tatsächlichen Sachverhalt.

Mit dem Abflauen der Kampfhandlungen am Anfang des 17. Jh. fand Stevin die Zeit, um die vorhandenen Skripten zu seiner umfangreichsten Veröffentlichung zusammenzufassen, die in verschiedenen Teilen seit 1605 gedruckt wurde und 1608 endgültig vorlag. Sie umfaßt rund 1 400 Seiten in einer sehr komplizierten Einteilung und Seitennumerierung und trägt den Titel „Wisconstighe Ghedachtenissen" (Mathematisches Repetitorium) [14]. Im Jahre 1608 erschienen auch eine von Willebrord Snel, dem Entdekker des Brechungsgesetzes des Lichts, besorgte komplette lateinische Übersetzung [16] und eine französische Teilübersetzung [15]. Meist wird in der Literatur die Meinung vertreten, daß Moritz den Druck veranlaßte oder sogar finanzierte, weil er befürchtete, daß die Stevinschen Ausarbeitungen und Leitfäden, die er auf seinen Feldzügen mitführte, verloren gehen könnten. Wie aus dem von Stevin verfaßten Vorwort von [14] hervorgeht, geschah die Publikation auf eigene Initiative. Stevin war immerhin 60 Jahre alt und wollte mit diesem Buch seine Publikationstätigkeit krönen. Darauf deutet auch das gleichzeitige Erscheinen der lateinischen und französischen Ausgabe hin, was kaum ohne seine Zustimmung erfolgen konnte.

Entgegen dem Titel umfaßt das Werk ein breites Spektrum von Wissensgebieten: Geometrie, Trigonometrie, Geomorphologie, Navigation, Gezeitenlehre, Astronomie, Perspektive, Optik, Buchhaltung und Mechanik, wobei auch bereits vorher gedruckte Arbeiten [8, 9, 13] aufgenommen wurden. Verschiedene geplante und im Inhaltsverzeichnis ausgewiesene Gebiete wurden nicht fertig, da anscheinend der Drucker auf schnelleren Abschluß des Manuskripts drängte. Einige Fragmente veröffentlichte später Hendrik Stevin in Auszügen in einem eigenen Buch [32].

Aus der Vielfalt der von Stevin behandelten Gebiete kann nur auf einige eingegangen werden. Zur Mechanik gehört z. B. ein wichtiger Zusatz unter dem Titel „Byvough der Weeghconst" (Ergänzungen zur Statik). Hierin werden neben dem Kräftedreieck und Kräfteparallelogramm (siehe Seite 46) Rollen und Flaschenzüge behandelt, um damit die Schwierigkeiten zu beheben, die Prinz Moritz beim Studium dieser Thematik gehabt hätte. Stevin er-

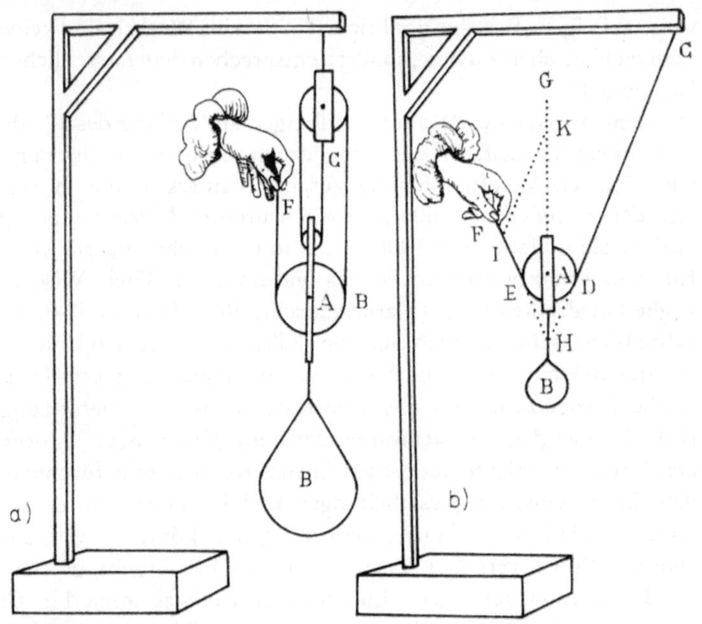

30 a) Flaschenzug mit paralleler Seilführung [14]
30 b) Lose Rolle mit nichtparalleler Seilführung. Stevin benutzt wieder das Kräftedreieck [14]

läutert neben dem normalen Flaschenzug (Abb. 30 a) auch Anordnungen mit nichtparalleler Seilführung (Abb. 30 b), wobei er wieder das Kräftedreieck benutzt.

Interessante Ansätze in Richtung auf den Begriff „Metazentrum" eines schwimmenden Körpers finden sich in einem anderen Abschnitt. Ausgangspunkt ist die Praxis: Bei Angriffen auf Städte und Festungen von der Wasserseite aus erkletterten die stürmenden Soldaten auf Schiffen befindliche Leitern und von dort die Festungsmauern. Stevin schreibt dazu:

Es ist manchmal geschehen, daß verlangt wurde, sichere [stabil schwimmende – R. G.] Schuten zu bauen, mit Leitern, die darin aufrecht stehen, ungefähr 20 Fuß hoch, damit das Kriegsvolk diese ersteigen kann. Da es aber zweifelhaft war, ob dadurch nicht eine zu große Kopflastigkeit verursacht wird, so daß die Schute kentert und das Kriegsvolk in das Wasser fällt, wurde eine Schute gebaut mit Leitern und Zubehör und praktisch erprobt. Das veranlaßte mich zu überlegen, ob es nicht möglich sein sollte, dies durch statische Berechnungen mit vorgegebenen Formen [des Schiffes – R. G.] und Gewichten . . . [zu ersetzen]. [21 a, S. 568]

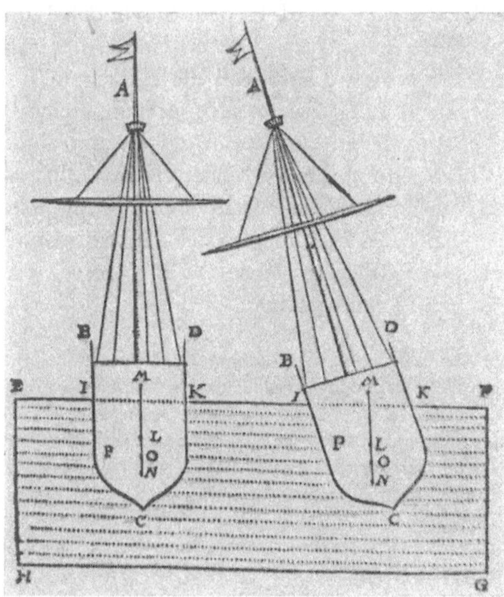

31 Zur Schwimmlage eines Schiffes. *O* Schwerpunkt des Schiffes, *L* Angriffs-
punkt des Auftriebs [14]

Bei seiner Herleitung (Abb. 31) verwendet Stevin die Begriffe
„Schwerpunkt des schwimmenden Körpers" und „Schwerpunkt
der verdrängten Flüssigkeit" und kommt zu dem Ergebnis, daß ein
Schiff stabil schwimmt, wenn der Schwerpunkt der verdrängten
Wassermenge, also der Auftriebsmittelpunkt, oberhalb des Schiffs-
schwerpunktes ist, was im Sonderfall zutreffen kann, jedoch kein
allgemeines Kriterium darstellt. Die richtige Lösung des Problems
gelang erst über 100 Jahre später Pierre Bouger mit der Einführung des Begriffs „Metazentrum" im Jahre 1746.
Der Praxis ist auch ein weiteres im „Byvough" enthaltenes Beispiel entnommen: wie muß ein optimal wirksamer Pferdezaum
beschaffen sein? Stevin versuchte, diese Frage unter Anwendung
mechanischer Kenntnisse, besonders über den Hebel zu beantworten und entwickelte auf dieser Basis zusammen mit Moritz
einen verstellbaren Experimentalzaum, mit dem man die Überlegungen zu verifizieren suchte.
Schließlich finden sich im „Byvough" – im Zusammenhang mit
Betrachtungen zur Hemmung von Bewegungen – Aussagen Ste-

vins, die der Kinematik zuzuordnen sind. Es geht Stevin dabei um die Widerlegung von älteren Ansichten. Das ist einmal der mit dem Namen Aristoteles verknüpfte Satz, daß die Fallzeiten (für eine vorgegebene Strecke in Luft) zweier Körper von gleicher Form umgekehrt proportional den Gewichten der Körper sind. Diese Aussage wird von Stevin als ebenso unzutreffend bezeichnet, wie eine von Jean Taisnier 1562 aufgestellte Behauptung, daß derartige Körper beim Fallen in Luft in gleichen Zeiten gleiche Strecken zurücklegen. Die Erfahrung lehre etwas anderes, wie Versuche zeigen, meint Stevin und schreibt:

Laßt uns zwei Bleikugeln nehmen, von denen die eine zehnmal größer und schwerer sei als die andere (wie es der hochgelehrte Herr Jan Cornets de Groot . . . und ich getan haben) und laßt sie gleichzeitig aus einer Höhe von 30 Fuß auf ein Brett . . . fallen . . . Dann wird festgestellt, daß die leichtere nicht zehnmal länger unterwegs ist als die schwerere, sondern daß sie so gleichzeitig auf dem Brett auftreffen, daß die beiden Aufschläge wie ein und derselbe Klapp erscheinen . . . [21 a, S. 510]

Dasselbe Ergebnis werde beobachtet, wenn man zwei gleichgroße Körper fallen läßt, deren Gewichte sich wie eins zu zehn verhalten. Man beachte, daß mit den hier genannten Experimenten nur die oben genannte umgekehrte *Proportionalität* als falsch nachgewiesen wird. Stevin behauptet nicht, daß die Körper gleich schnell fallen. Im Gegenteil; mit weiteren Experimenten wird auch die Aussage von Taisnier widerlegt. So läßt Stevin eine einzelne Baumwollfaser über eine Strecke von 5 bis 6 Fuß fallen und gleichzeitig einen Packen zusammengedrückter Baumwollfasern von „ähnlicher Form", aber einem Gewicht von 1 Pfund. Dabei beobachtet Stevin, daß die einzelne Faser 25 mal länger unterwegs ist als der Packen.
Stevins Erklärung für den Ausgang der Experimente zeigt, daß er die Luft als etwas Körperliches auffaßt: „Jeder bewegte Körper erfährt Hemmnisse in seiner Bewegung. Bei einem Körper, der durch die Luft fällt, ist das die Reibung mit der Luft an seiner Oberfläche." [21 a, S. 510 f.] Die unterschiedliche Hemmung führt Stevin auf die unterschiedlich große Oberfläche der Körper zurück. Da die Oberfläche nicht proportional dem Volumen eines Körpers ist, erfahren die kleineren (und demnach auch leichteren) Körper eine relativ größere Hemmung als die größeren (schwereren) Körper und fallen deshalb langsamer.

Leider hat er eine für „Wisconstighe Ghedachtenissen" geplante Abhandlung über die Aerostatik nicht fertiggestellt, die sicherlich von großem Interesse gewesen wäre.

Besonders erwähnenswert aus Stevins Buch ist ein „Van den Hemelloop" (Über die Himmelsbewegungen) überschriebener, umfangreicher Teil, der eines der ersten Lehrbücher ist, das die kopernikanische Lehre des heliozentrischen Weltbildes verbreitet. Es zeichnet sich wie alle Schriften Stevins durch den ihnen eigenen, methodisch gut durchdachten Aufbau, die Klarheit und leichte Faßlichkeit aus.

Bereits in der Einleitung weist Stevin auf eine Besonderheit seiner Darstellung hin, die zunächst von einer feststehenden Erde als Mittelpunkt des Sternenhimmels ausgeht, obwohl sich die Erde, wie die anderen Planeten auch, um die Sonne bewegt, aber dieser Weg sei für das Verständnis der Grundlagen der Astronomie leichter [21d, S. 29]. Dementsprechend erörtert er zunächst allgemeine Grundlagen und praktische Probleme der Astronomie auf der Basis des geozentrischen Weltbildes. Dazu gehören: Benutzung von Ephemeridentafeln (Tafeln für die Positionen der Sonne, des Mondes, der Sterne) für astronomische Berechnungen, wie Länge des Jahres, Apogäum und Perigäum, Bewegungen der Planeten, Exzentritäten, Abstand, Durchmesser und Parallaxe bei Sonne und Mond, Verfinsterungen u. a. m.

Die falsche Annahme von einer feststehenden Erde wird erst im dritten Abschnitt korrigiert, in welchem Stevin eindeutig für Kopernikus Partei ergreift und das heliozentrische System erläutert. Allerdings folgt er nicht in allen Punkten der Darstellung des großen Astronomen. So hatte Kopernikus, um seine Annahme von einer unveränderlichen Stellung der Erdachse im Raum während des Umlaufs um die Sonne zu stützen, neben der Eigenrotation und dem jährlichen Umlauf, noch eine weitere Erdbewegung postulieren müssen: eine konische Bewegung der Erdachse. Stevin hält diese Annahme für überflüssig. Er glaubt vielmehr, daß die Unveränderlichkeit der Erdachsenrichtung ein magnetischer Effekt ist, indem er die Erde als einen großen Kugelmagneten (im Sinne der Hypothese von William Gilbert, 1600) ansieht, der im Raum die Achsenrichtung ebenso beibehält, wie etwa eine Magnetnadel bei einer Verschiebung auf der Erdoberfläche.

Im wichtigsten Teil der „Hemelloop" behandelt Stevin sehr aus-

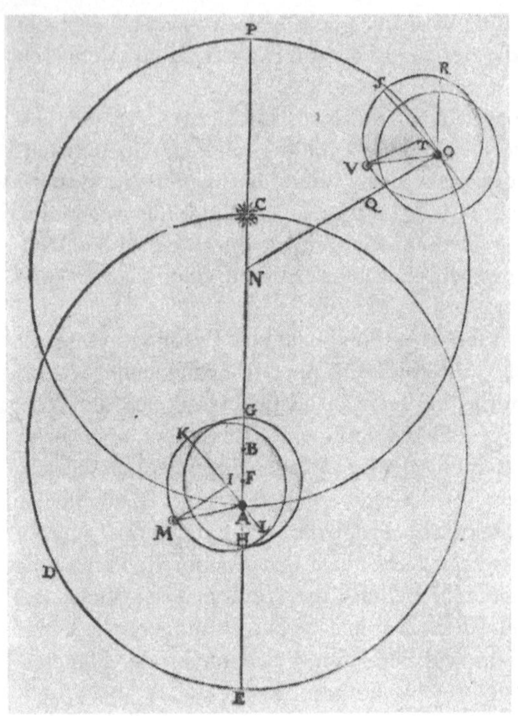

32 Geometrische Konstruktion für den Übergang vom geozentrischen zum heliozentrischen System für Sonne, Erde und Mond [14]

führlich geometrische Methoden für den Übergang vom geozentrischen zum heliozentrischen System (Abb. 32) durch Wechsel des Beobachterstandpunktes, was durchaus nicht einfach war, da bekanntlich weder das eine noch das andere System in der kopernikanischen Darstellung rein heliozentrisch bzw. rein geozentrisch war. Er erkennt daher auch, daß noch vieles im heliozentrischen Bild unklar ist und weist darauf hin, daß neue Erfahrungen, d. h. Meßergebnisse gesammelt werden müssen, um die notwendige Grundlage zur Verbesserung der Theorie zu erhalten.

Für die relativ umfangreiche Behandlung des geozentrischen Systems am Anfang von „Van den Hemelloop" gab es außer den erwähnten methodischen noch andere Gründe. Die kopernikanische Lehre wurde von den meisten Astronomen zu diesem Zeitpunkt noch abgelehnt. Da „Wisconstighe Ghedachtenissen" be-

96

kanntlich Lehrbuchcharakter tragen, also einen Überblick über den aktuellen Wissensstand auf den einzelnen Gebieten enthalten, konnte das alte Modell nicht einfach übergangen werden. Es ist daher schon sehr progressiv, daß Stevin die beiden Systeme nicht gleichberechtigt behandelt, sondern mehrfach darauf hinweist, daß das kopernikanische System das richtige ist und die tatsächlichen Verhältnisse wiedergibt.

Im kalvinistischen Lager rief diese Haltung Widersacher auf den Plan. Die von Stevin vertretenen Ansichten wurden als absurd, lächerlich und albern bezeichnet, da sie im Widerspruch zur Bibel stehen.

Ein anderes Thema in „Wisconstighe Ghedachtenissen" ist die Navigation. Während „De Havenvinding" [13] für den Praktiker geschrieben war, trägt das Kapitel „Van de Zeylstreken" (Über die Segelrouten) in [14] ausgesprochen mathematisch-theoretischen Charakter. Es handelt sich um eine für den Prinzen Moritz geschriebene Unterweisung, wobei dessen Hinweise und Einwürfe in den Text eingefügt sind [21d, S. 511ff.]. Die Arbeit enthält ausführliche Darlegungen über die damals üblichen beiden Navigationsverfahren, die „rechten Segelstrecken" und die „krummen Segelstrecken", heute als „Großkreisfahren" und „Loxodromefahren" bekannt, wobei Stevin die verschiedenen Möglichkeiten der Kursbestimmung (Anwendung der sphärischen Trigonometrie, Loxodrometafeln, Benutzung von Kupferschablonen auf einem Globus) erklärt. Dabei stützt er sich in der Hauptsache auf Arbeiten von Pedro Nuñes, Gerhard Mercator und Edward Wright.

In einem sehr umfangreichen Teil von [14] erläutert Stevin die Buchführung, speziell die sogenannte Italienische oder Doppelte Buchführung und deren Vorteile für eine Finanzverwaltung, etwa die des Prinzen Moritz. Einführend werden die Grundlagen einer kaufmännischen Buchhaltung behandelt. Am Beispiel eines über das gesamte Jahr 1600 geführten Journals (Kontobuch für tägliche Eintragungen) und Schuldbuches erklärt Stevin dann in großer Breite die Italienische Buchführung. Durch einen „Dialog" zwischen Stevin und „Seiner Fürstlichen Gnaden", der nach Stevin einer authentischen Unterhaltung nachgestaltet ist, läßt sich Moritz davon überzeugen, die neue Methode für die prinzlichen Domänen einzuführen. Diese „Fürstliche Buchhaltung" wird anschließend genauestens erläutert.

Es fehlt hier der Platz, um auf alle Teile von „Wisconstighe Ghedachtenissen" einzugehen, obwohl noch vieles erwähnenswert ist. Genannt werden sollen nur „De Meetdaet" (Praktische Vermessung), die neben der Beschreibung von Geräten und Meßverfahren auch weiterführende theoretische Überlegungen enthält; „Van de Verschauewing", das noch heute als gute Einführung in die Lehre von der Perspektive dienen könnte, und eine umfangreiche Abhandlung zur Theorie von Ebbe und Flut, in der Stevin eine Erklärung für die Ursachen der um die Erde laufenden Flutwelle zu geben versucht.

Stevins Werk und Persönlichkeit

Über das letzte Lebensjahrzehnt Stevins sind die Quellen
wieder sehr spärlich. Es ist jedoch bekannt, daß er bis zu seinem Tode seine Funktion als Quartiermeister weiter ausübte, wie
aus einem Antrag auf Erhöhung der Bezüge aus dem Jahre 1619
hervorgeht. Sein Ruf als Militäringenieur scheint bedeutend gewesen zu sein. Das läßt sich z. B. durch einen Brief Stevins an König
Gustav Adolf von Schweden aus dem Jahre 1618 belegen. Darin
nimmt Stevin Bezug auf eine Unterredung mit einem schwedischen
Offizier, der im Auftrag des Königs bei dem Niederländer um Rat
hinsichtlich des Bauens von Schanzen und der Abwehr von Rei-
terangriffen durch Fußvolk nachgesucht hatte [24, S. 18].
Aus den letzten Lebensjahren stammen Pläne für den Bau einer
Festung in Ostindien auf der Insel Java, die wahrscheinlich auch
errichtet wurde, und Vorschläge zur Befestigung von 's-Gravenhage. Hier, am Ort der prinzlichen Hofhaltung, hatte sich Stevin
1612 ein neu erbautes Haus für 3800 Gulden und später (1619)
noch ein weiteres Haus für 6300 Karolinische Gulden gekauft, was
auf ein beträchtliches Vermögen schließen läßt.
Im Jahre 1616 heiratete er die aus Leiden stammende junge Catha-
rina Cray, die ihn um 52 Jahre überlebte. Aus dieser Verbindung
gingen vier Kinder hervor: Frederick (1612 oder 1613 geboren),
Hendrik (1613 oder 1614 geboren), Susanna (1615 geboren) und
Levina (deren Geburtsjahr nicht bekannt ist); mindestens drei der
Kinder sind demnach vor der Eheschließung geboren.
Ebensowenig wie das Geburtsdatum von Simon Stevin ist auch
sein Todesdatum bekannt. Im Februar 1620 hatte er noch Prü-
fungen abgenommen. Da ein Antrag auf Neubesetzung der vakant
gewordenen Stelle des Quartiermeisters von Anfang April datiert,
müßte Stevin im März 1620 gestorben sein. Darauf deutet auch
hin, daß seine Witwe im März 1621 (also nach Ablauf des Trauer-
jahres) erneut heiratete, und zwar einen sechsundzwanzigjährigen
Amtmann.
Die Wertschätzung, die Stevin genossen haben muß, zeigt sich

nicht zuletzt darin, daß die Witwe und die Vormünder der Kinder
das Privileg erhielten, „Wisconstighe Ghedachtenissen" in den
folgenden sieben Jahren allein herauszubringen. Und noch 1626
ist eine jährliche Zuwendung in Höhe von 400 Pfund an Stevins
Kinder nachweisbar, die aus der prinzlichen Kasse gezahlt wurde.

Stevins Sohn Hendrik erwarb sich besondere Verdienste um die
nachgelassenen Schriften seines Vaters, die seitens der Witwe
anscheinend wenig Beachtung gefunden hatten. So gab er 1649
eine Sammlung verschiedener kleinerer Arbeiten von Simon
Stevin heraus, die von Städtebau, Verwaltungsfragen und Regeln
für Diplomaten bis zur Militärtheorie reichen und damit wiederum
die Vielfalt der Stevinschen Interessen widerspiegeln [19a, b]. In
Hendrik Stevins eigener Veröffentlichung „Wisconstich Filoso-
fisch Bedrijf" (Mathematisch-Philosophische Arbeiten) [32] aus
dem Jahre 1667 sind gleichfalls nachgelassene Schriften seines
Vaters enthalten.

Seit Stevins Tod sind mehr als dreieinhalb Jahrhunderte vergan-
gen. Wie kann man aus heutiger Sicht Werk und Persönlichkeit
des Niederländers einschätzen?

Bis in das 15. Jahrhundert wurde die Naturwissenschaft, soweit
man sie überhaupt schon als solche bezeichnen kann, weitgehend
von der Scholastik beherrscht, die einen hohen Stand erreicht
hatte. Erkenntnisse und Vorstellungen der Antike und der Araber
waren zum Teil umgeformt und verändert den bestehenden gesellschaftlichen Verhältnissen angepaßt worden. Auf besonders ho-
hem Niveau stand die Logik, und im Keim existierten gewisse
Einsichten in gesetzmäßige Zusammenhänge. Aber noch herrsch-
ten in erheblichem Umfange blinder Autoritätsglaube und speku-
latives Denken vor. Von seiten der Scholastik, der ideologischen
Stütze des Feudalismus, und der von ihr beherrschten Universitäten, waren keine wesentlichen Beiträge in Richtung auf eine
Naturwissenschaft im heutigen Sinne zu erwarten.

Das zum Fortschritt notwendige Zusammengehen von Praxis und
Theorie bahnte sich in der Renaissance, der Zeit der frühbürger-
lichen Revolutionen, bei solchen Männern der Praxis an, die
begannen, sich nicht mehr mit empirischen Erkenntnissen zu-
frieden zu geben, sondern die versuchten, sich bereits vorhandene wissenschaftliche Kenntnisse anzueignen oder solche
zu erweitern. Da die wissenschaftlich-technische Entwicklung in

engem Zusammenhang mit den ökonomischen und politischen
Veränderungen verlief, die sich vor allem in der Herausbildung
kapitalistischer Verhältnisse in verschiedenen Ländern Europas
äußerten, bestanden besonders in Italien, Frankreich, England
und in den Niederlanden günstige Voraussetzungen für die Tätigkeit solcher Praktiker, die man in Italien Artefici nannte. Sie übten
die verschiedensten Berufe aus, waren Rechenmeister, Ärzte,
Geometer, Geschützmeister oder Ingenieure; als Beispiele sollen
nur Leonardo da Vinci und Tartaglia genannt werden. Der Wissenschaftshistoriker Gerhard Harig charakterisiert die Artefici
wie folgt:

Die Artefici lehnten sich bewußt gegen den Totalitätsanspruch der offiziellen
Wissenschaft und die einseitige Berufung auf Autoritäten auf und betonten die
Bedeutung der praktischen Erfahrung. Sie gehen allerdings noch nicht so weit,
ihre neuen Erkenntnisse in einer umfassenden theoretisch-wissenschaftlichen
Behandlung zusammenzufassen . . . [26, S. 51]

Das geschah erst durch Galilei, der mit seinen beiden Hauptarbei-
ten „Dialog über die beiden Weltsysteme" (1632) und „Gespräche
und mathematische Demonstrationen betreffend zwei neue Wis-
sensgebiete . . ." (1638) die klassischen Naturwissenschaften begründete.
Stevin nimmt zwischen den Artefici und Galilei eine Zwischen-
stellung ein, obwohl ihn Harig neben Galileo Galilei, William
Gilbert und Francis Bacon sogar als einen Mitbegründer der klassischen Naturwissenschaften bezeichnet [26, S. 58]. Auf dem Gebiete der Statik fester Körper und der Flüssigkeiten ist das sicherlich zutreffend. Hier geht Stevin weit über das hinaus, was die
Artefici anstrebten und erreichten. Auch bei ihm sind Anforderungen der Praxis der Ausgangspunkt, wie sie speziell zur damaligen
Zeit in den Niederlanden vorhanden waren: Transportwesen
(Kanäle, Hafenanlagen, Schleusen, Slippen von Schiffen), Waren-
umschlag (Benutzung von Hebeln, Rollen, Flaschenzügen, Well-
rädern), Mühlenmechanismen u. a. m. Aber Stevin, und das unterscheidet ihn entscheidend von seinen Vorgängern, packt die Dinge
ähnlich wie Galilei an, macht „. . . das praktische Problem zum
Gegenstand wissenschaftlichen Nachdenkens und systematischen
Forschens, die Erfahrung zum Versuch und die Spekulation zur
mathematischen Ableitung . . ." [26, S. 58].
In diesem Zusammenhang soll noch etwas näher auf Stevins An-

sichten zum Verhältnis von Praxis und Theorie eingegangen werden, die sich allerdings nicht in einem einzigen Satz wiedergeben lassen. Wissenschaft um ihrer selbst willen betreiben zu wollen, hält er für sinnlos. In der Widmung der „Weeghdaet" [21a, S. 292 f.] schreibt er:

Genauso, wie es nutzlos ist, große und starke Fundamente zu errichten, welche imstande sind, ein schweres Gebäude zu tragen, ohne letztlich zu wünschen, darauf irgendein Gebäude zu bauen, genauso ist es bei der Theorie der Grundlagen der Künste [d. h. der Wissenschaft — R. G.] verlorene Arbeit, wenn dies nicht zur Praxis führt.

Eine Theorie hat nach Stevin den Zweck, eine sichere Basis für die in der Praxis zu benutzenden Methoden zu liefern. Ohne eine solche Grundlage wird man in der Praxis nur unbefriedigende und unsichere Ergebnisse erhalten: „daet" (Anwendung) ohne „spiegeling" (Theorie) ist nach seiner Meinung wertlos.
Wie steht er aber zu „spiegeling" ohne „daet"? Hierzu schreibt Stevin an anderer Stelle: „Was die Ansicht einiger Leute betrifft, daß Theorie ohne Praxis nutzlos ist, scheint es, daß dieser Gegenstand kritischer betrachtet werden sollte." [21d, S. 621] Diese Passage stammt aus [14], ist also 20 Jahre älter als die oben zitierte Stelle. Offensichtlich meint er hier etwas anderes, wie seine Erläuterung zeigt: Genauso wie etwa die Baumfäller das Material für Häuser, Schiffe, Mühlen, Skulpturen usw. bereitstellen, ohne damit verbundene Arbeiten später selbst auszuführen, so versorgen die Theoretiker (der Wissenschaft) die Praktiker mit den entsprechenden Materialien, ohne unbedingt selbst in der Praxis tätig zu sein. Daher ist die Tätigkeit der Theoretiker also auch ohne direkte praktische Anwendung durchaus von Nutzen.
Wenn Stevin hier von Theorie spricht, hat er besonders die Geometrie im Auge. Für ihn ist die Euklidsche Geometrie reine Theorie ohne Beziehung zu „natürlichen Gegenständen"; Praxis ist dagegen die Beschäftigung mit „natürlichen Gegenständen", etwa das Vermessen von Land oder von Festungswällen. Da die Neigung der Menschen zur Praxis sehr unterschiedlich sei, hält es Stevin für besser, praktische Anwendungen nicht in den theoretischen Unterricht aufzunehmen, zumal die Anwendungen oft zu speziell für den einen oder anderen sind. Eine systematische, logisch entwickelte Theorie bilde für sich anschließende praktische Arbeiten eine ausreichende Grundlage [21d, S. 619 ff.].

Wie weit sich Stevin mit seinen Ansichten von denen der Scholastik entfernt hat, zeigen nicht zuletzt seine Aussagen über Diskrepanzen zwischen Theorie und Praxis: Wenn sich eine (theoretische) Behauptung in Widerspruch mit den (praktischen) Erfahrungen zeigt, kann sie nicht weiter aufrecht erhalten werden. Andererseits sollte man rein empirisch gewonnene, bzw. traditionelle Ansichten zurückweisen, wenn sie rationalen Überlegungen nicht standhalten. Daher ist Stevin auch Autoritätsglaube fremd.

Ein auffälliges Merkmal der Stevinschen Schriften, auf das u. a. Dijksterhuis [24] immer wieder hinweist, ist das mathematische Herangehen an viele Probleme. Das äußert sich z. B. in der klaren und exakten Definition der verwendeten Termini, der zugrundegelegten Annahmen, die teilweise auch den Charakter von Postulaten besitzen, und der dann folgenden logischen Herleitung der Lehrsätze und deren Beweis. Auch die äußere Form (Annahme, Aussage, Verifizierung usw.) zeigt den Mathematiker selbst in nichtmathematischen Arbeiten. Am Beispiel des Kugelkranzes wurde sein Verfahren ausführlich dargestellt. Daß bei ihm die Formulierung, etwa mechanischer Sachverhalte und Gesetzmäßigkeiten, noch in umständlicher Satzform erfolgt, ist zeitbedingt. Auch die Galileischen Aussagen über den freien Fall wurden 1638 noch in Form von Proportionen gemacht.

Manchmal merkt man jedoch, daß sich Stevin noch nicht vollständig von älteren Vorstellungen gelöst hat, etwa wenn er die geometrische Beweisführung der Antike in der Algebra benutzt, was bei seiner großen Bewunderung für Euklid noch verständlich ist, oder bei der vereinzelten Verwendung von Syllogismen.

Es wurde bereits mehrfach darauf hingewiesen, daß die meisten Veröffentlichungen Stevins den Charakter von Lehrbüchern haben bzw. Lehrbücher sind. Seine umfangreichen Literaturkenntnisse ermöglichen es Stevin, vorhandenes Wissen zu ordnen, aufzubereiten und anderen in besonders einfacher und verständlicher Form zugänglich zu machen. Dabei schlägt er meist neue, eigene Wege ein und ergänzt und erweitert die vorhandenen Kenntnisse, so daß insgesamt ein sehr guter Überblick über den zeitgenössischen Entwicklungsstand der behandelten Disziplinen gegeben wird. In Lehrbüchern war es (und ist es auch heute) nicht üblich, die Quellen ausführlich darzulegen; meist verzichtete man auf Quellenangaben überhaupt. Auch Stevin verfährt so, obgleich er an einigen Stellen Vorgänger erwähnt, wie Trenchant, Cardano oder Plancius.

Dadurch ist es jedoch im allgemeinen schwierig, Stevins eigene Beiträge zum Fortschritt der betreffenden Disziplin immer zu erkennen, weil er diese explizit nicht hervorhebt. Deutlich wird der eigene Anteil selbstverständlich dort, wo er sich kritisch mit Ansichten anderer auseinandersetzt, die er für falsch hält. Da ihm bewußt ist, daß auch seine eigenen Veröffentlichungen Fehler aufweisen können, fordert er öfters die Leser auf, ihn zu korrigieren bzw. durch Beobachten und Sammeln weiterer Daten, etwa aus der Astronomie, zu neuen wissenschaftlichen Erkenntnissen beizutragen. Auch das ist eine bemerkenswerte Einstellung.

Stevin war sicherlich eine Lehrerpersönlichkeit von Format. Warum er keine Professur erhielt oder ob er eine solche nicht anstrebte, läßt sich nicht feststellen. Vielleicht war er den orthodoxen Kalvinisten zu liberal in seinen Ansichten, wie im Zusammenhang mit „Vita Politica" [10] und der Stellung zu Kopernikus erläutert wurde. Auf jeden Fall ist es immer wieder beeindruckend, wie klar, nüchtern und bestimmt und mit welch großem didaktischem Geschick der Niederländer die Sachverhalte in seinen Schriften darlegt. Dem heutigen Leser erscheint vieles weitschweifrig und manchmal sogar umständlich, verglichen mit der heutigen knappen, gedrängten Form der Darstellung, etwa von physikalischen Gesetzmäßigkeiten; ganz abgesehen von der Vereinfachung durch die Formelschreibweise. Das Kriterium ist aber der Vergleich mit seinen Zeitgenossen bzw. Vorgängern. Und in dieser Hinsicht ist er ihnen weit überlegen, nicht zuletzt durch die überzeugende Weise seines Vorgehens. Sein Stil ist lebendig und volkstümlich, oft auch humorvoll.

Besonders hervorheben muß man Stevins Einstellung zum Experiment. Selbstverständlich wurden schon vor ihm Experimente gemacht — und noch viel mehr vorgeschlagen, aber nie durchgeführt. Aber Stevin ist einer der ersten, der dem Experiment auch Beweiskraft zuordnet, wie am Beispiel des hydrostatischen Paradoxons gezeigt wurde, und der die Experimente auch durchführte. Daß Stevin trotz seiner Leistungen heute so wenig bekannt ist, hängt in erster Linie damit zusammen, daß er seine Arbeiten in holländischer Sprache veröffentlichte. Als 1608 die Übersetzungen von [14] bzw. 1634 eine größere Zusammenfassung seiner

Arbeiten in französischer Sprache [18] erschienen, war die Entwicklung bereits so weit fortgeschritten, daß sie nur noch geringe Wirkung hatten. Zum anderen war auf physikalischem Gebiet Stevins Hauptgegenstand die Statik.

Die Kinematik spielte bei ihm, wie schon an anderer Stelle erwähnt wurde, kaum eine Rolle. Dadurch dürfte er auch nicht das Grundproblem des Übergangs von der Scholastik zur klassischen Naturwissenschaft erkannt haben: die Überwindung der peripatetischen Vorstellungen von der Bewegung. Stevin war wohl doch, auf Grund seiner jahrzehntelangen Tätigkeit als Ingenieur thematisch und zeitlich zu gebunden, um sich so intensiv mit dieser Problematik zu befassen, wie das notwendig gewesen wäre. So ist es nicht verwunderlich, daß man selbst in den Niederlanden Stevin über Jahrhunderte nur als den Mentor des Prinzen Moritz und den Erbauer des Segelwagens kannte.

Die Frage nach der Persönlichkeit und dem Charakter Stevins läßt sich schwer beantworten. Schilderungen seiner Person durch andere sind nicht überliefert, so daß als einzige Quelle seine Arbeiten selbst dienen können. Offensichtlich war er ein klarer, kritischer und nüchterner Denker, der meist um Sachlichkeit bemüht war. Das zeigt sich u. a. auch in seinen Ansichten zur Architektur, die er ausschließlich unter mathematischen Gesichtspunkten sieht, besonders dem Streben nach Symmetrie. Deutlich tritt bei ihm auch ein gewisses Nützlichkeitsdenken in Erscheinung, wenn er etwa eine Armenfürsorge mit dem Argument unterstützt, daß auch Reiche plötzlich arm werden könnten [24, S. 340]. Oder gäbe es viele Arme, so könnten diese rebellieren. Die Reihe solcher und ähnlicher Beispiele ließe sich noch fortsetzen.

Es ist sehr zu bedauern, in persönlicher Hinsicht nicht mehr von Stevin zu wissen. Aber sicherlich kann man dem niederländischen Wissenschaftshistoriker D. J. Struik beipflichten, wenn er über Stevin meint:

Alles in allem muß er nicht nur ein hart arbeitender und klar denkender Mann gewesen sein, sondern auch ein liebenswürdiger und humorvoller Bursche. [33, S. 60]

Literatur

Veröffentlichungen Simon Stevins (Es wurde jeweils nur die erste Ausgabe angeführt)

[1] Tafelen van Interest (Zinstafeln). Antwerpen 1582, 92 S.

[2] Problemata Geometrica (Geometrische Probleme). Antwerpen o. J., 118 S.

[3] Dialectike ofte Bewysconst (Dialektik oder Beweiskunst). Leyden 1585, 172 S.

[4] De Thiende (Die Zehner). Leyden 1585, 36 S.

[5] L'Arithmetique (Die Arithmetik). Leyde 1585, 642 S.

[6] La Pratique d'Arithmetique (Praktische Arithmetik). Zusatz zu [5], 215 S. – [5] und [6] stets zusammengebunden.

[7] De Beghinselen der Weeghconst (Die Grundlagen der Wägekunst, d. h. der Statik). Leyden 1586, 129 S.

[8] De Weeghdaet (Praktische Wägung, d. h. angewandte Statik). Zusatz zu [7], 43 S.

[9] De Beghinselen des Waterwichts (Die Grundlagen des Wassergewichts, d. h. der Hydrostatik). Zusatz zu [7] – [7], [8] und [9] sind stets zusammengebunden.

[10] Vita Politica. Het Burgherlick Leven (Das bürgerliche Leben, d. h. das Zusammenleben der Bürger). Leyden 1590, 56 S.

[11] Appendice Algebraique (Anhang zur Algebra). Leydee 1594, 6 S.

[12] De Stercktenbouwing (Der Festungsbau). Leyden 1594, 91 S.

[13] De Havenvinding (Das Auffinden der Häfen). Leyden 1599, 28 S.

[14] Wisconstighe Ghedachtenissen (Mathematische Erinnerungen, d. h. Mathematisches Repetitorum). Leyden 1605, 1608, ca. 1 400 S.

[15] Mémoires Mathematiques. Leyde 1608 (Fast vollständige französische Übersetzung von [14] durch Jean Tuning).

[16] Hypomnemata Mathematica. Lugduni Batavorum 1608 (Komplette lateinische Übersetzung von [14] durch Willebrord Snellius).

[17] Castrametatio. Dat ist Legermeting (Castrametatio, das ist Lagervermessung). Nieuwe Maniere van Sterctebou door Spilsluysen (Neue Art des Festungsbaus durch Spindelschleusen). Rotterdam 1617, 55 S. + 59 S.

[18] Les Œuvres Mathematiques de Simon Stevin (Die mathematischen Werke von Simon Stevin). Leyde 1634, 900 S. – Enthält [5] und große Teile von [14].

[19 a] Materiae Politicae. Burgherlicke Stoffen (Bürgerliche Thematik). Leyden 1649, 273 S. – Schriften aus dem Nachlaß, herausgegeben von H. Stevin.

[19 b] Verrechting van Domeine (Domänenverwaltung). Leyden 1649, 156 S.

[20]   Van de Spiegeling der Singconst (Theorie der Singekunst, d. h. der Musik). Van de Molens (Über die Mühlen). Amsterdam 1884, 130 S.
[21]   The Principle Works of Simon Stevin. Edit. by E. Crone, E. J. Dijksterhuis, R. J. Forbes, M. G. Minnaert, A. Pannekoek. Amsterdam 1956 bis 1966.
[21 a] Vol. I — Mechanics.
[21 b] Vol. II A — Mathematics.
[21 c] Vol. II B — Mathematics.
[21 d] Vol. III — Astronomy, Navigation.
[21 e] Vol. IV — The Art of War.
[21 f] Vol. V — Engineering, Music, Civic Life.
[22]   Stevin. S.: De Thiende. Übersetzt und erläutert von H. Gericke und K. Vogel. Ostwalds Klassiker der exakten Wissenschaften. Neue Folge, Band 1. Frankfurt/M. 1965.

Weitere Literatur

[23]   Blok, P. J.: Geschiedenis eener hollandsche Stad (Geschichte einer holländischen Stadt). Band 3. 's-Gravenhage 1916.
[24]   Dijksterhuis, E. J.: Simon Stevin (in niederländischer Sprache). 's-Gravenhage 1943.
[25]   Dijksterhuis, E. J.: Simon Stevin — Science in the Netherlands around 1600. The Hague 1970.
[26]   Harig, G.: Physik und Renaissance. Ostwalds Klassiker der exakten Wissenschaften. Band 260. Leipzig 1981.
[27]   Jähns, M.: Geschichte der Kriegswissenschaften vornehmlich in Deutschland. 1. Abteilung, in: Geschichte der Wissenschaften in Deutschland. Neuere Zeit, Band 21. München und Leipzig 1889.
[28]   Revolutionen der Neuzeit 1500—1917, herausgegeben und eingeleitet von H. Kossok. Berlin 1982.
[29]   Romein, J., und A. Romein-Verschoor: Ahnherren der holländischen Kultur. Bern o. J. (1946).
[30]   Sarton, G.: Simon Stevin of Bruges (1548—1620). Isis 21 (1934) No. 61, S. 241—303.
[31]   Schouteet, A.: De afkomst van Simon Stevin en diens werkkring in Vlaanderen (Die Abstammung von Simon Stevin und sein Wirkungskreis in Flandern). Handelingen van het Genootschap voor Geschiedenis. Brugge 1937, S. 137—146.
[32]   Stevin, H.: Wisconstich Filosofich Bedrijf (Mathematisch-Philosophische Arbeiten). Leyden 1667 — Enthält Fragmente von Manuskripten Simon Stevins.
[33]   Struik, D. J.: The Land of Stevin and Huygens. Studies in the History of Modern Science, Vol. 7. Dordrecht/Boston/London 1981.
[34]   Sweertius, F.: Athenae Belgicae sive Nomenclator inf. Germaniae scriptorum. Antverpiae 1628, S. 677.

[35] Wenzelburger, K. T.: Geschichte der Niederlande. Band 2, in: Geschichte
      der europäischen Staaten. Gotha 1886.
[36] Wußing, H.: Vorlesungen zur Geschichte der Mathematik. Berlin 1979.
[37] Zeiller, M.: Topographiae Germaniae Inferioris. Frankfurt/M. 1659.

Personenregister

Biographien
hervorragender Naturwissenschaftler,
Techniker und Mediziner

A. Halameisär, Moskau, und H. Seibt, Berlin

Nikolai Iwanowitsch Lobatschewski

92 Seiten mit 17 Abbildungen. (Band 34)
Kartoniert 4,60 M; Ausland 6,80 DM
Bestell-Nr. 665870 5
Bestellwort: Halameisaer, Lobatschewski

Lobatschewski (1793—1856) gilt als der Begründer der nichteuklidischen Geometrie, die in der modernen Naturwissenschaft eine gewichtige Rolle spielt. Er trat als erster mit einer Geometrie ohne Parallelenaxiom an die Öffentlichkeit, und Gauß lernte Russisch, um seine Werke zu studieren. Als Rektor der Universität Kasan wurde Lobatschewski wegen seiner fortschrittlichen Ideen zur Hochschulpädagogik von den zaristischen Behörden gemaßregelt.

H.-J. Ilgauds, Leipzig

Norbert Wiener

2. Aufl. 86 Seiten mit 6 Abbildungen und 4 Schemata. (Band 45)
Kartoniert 4,80 M; Ausland 6,80 DM
Bestell-Nr. 665983 9
Bestellwort: Ilgauds, Wiener

Der amerikanische Mathematiker Norbert Wiener (1894—1964) ist als „Vater der Kybernetik" bekannt geworden. Am Lebensweg dieses Gelehrten soll hier die Herausbildung dieses Wissenschaftszweiges geschildert werden, wobei vor allem den weltanschaulichen Aspekten große Aufmerksamkeit gewidmet wird.

W. Purkert und H.-J. Ilgauds, beide Leipzig

Georg Cantor

135 Seiten mit 16 Abbildungen. (Band 79)
Kartoniert 6,80 M; Ausland 8,60 DM
Bestell-Nr. 666 2528
Bestellwort: Purkert, Cantor

Georg Cantor (1845–1918) gehört ohne jeden Zweifel zu den hervorragendsten Mathematikern der neueren Zeit. Seine Hauptleistung, die Begründung der Mengenlehre, hat die gesamte mathematische Entwicklung – von der Grundlagenforschung bis zum Elementarunterricht – beeinflußt. Diese Biographie, die anläßlich seines 140. Geburtstages erscheint, soll neben seinen mathematischen Leistungen auch seine philosophischen Arbeiten würdigen.

R. Tobies, Leipzig

Felix Klein

104 Seiten mit 12 Abbildungen. (Band 50)
Kartoniert 6,80 M; Ausland 8,60 DM
Bestell-Nr. 6660266
Bestellwort: Tobies, Klein

Felix Klein (1849–1925) ist eine der faszinierendsten Gestalten der modernen Mathematik. Er vollbrachte hervorragende Leistungen vor allem in der Geometrie (Erlanger Programm u. a.). Darüber hinaus war er ein großer Wissenschaftsorganisator und Initiator der „Kleinschen Reform" im Schulwesen. Die Einrichtung des Leipziger Mathematischen Seminars vor 100 Jahren ist Anlaß, ihn hier zu würdigen.

BSB B. G. Teubner Verlagsgesellschaft, Leipzig